石油行业
典型事故案例汇编

《石油行业典型事故案例汇编》编写组 编

石油工业出版社

内 容 提 要

本书汇集了近年来石油行业发生的物体打击、机械伤害、高处坠落、起重伤害、火灾和爆炸、中毒和窒息、井控、触电、坍塌、车辆伤害与其他伤害11类比较典型的人身伤害事故一百八十多起，涉及钻井工程、井下作业、工程建设、采油作业等领域，主要内容包括事故经过、原因分析、案例警示等。

本书可供从事油气田现场作业的工程技术人员和从事油气田安全管理工作的人员阅读使用。

图书在版编目（CIP）数据

石油行业典型事故案例汇编 /《石油行业典型事故案例汇编》编写组编 . —北京：石油工业出版社，

2021.6

ISBN 978-7-5183-4708-7

Ⅰ . ① 石… Ⅱ . ① 石… Ⅲ . ① 石油工业 – 安全事故 –

案例 – 汇编 – 中国 Ⅳ . ① TE687.3

中国版本图书馆 CIP 数据核字（2021）第 111745 号

出版发行：石油工业出版社

（北京安定门外安华里 2 区 1 号　　100011）

网　　址：www.petropub.com

编辑部：（010）64523548　　图书营销中心：（010）64523633

经　销：全国新华书店

印　刷：北京晨旭印刷厂

2021 年 6 月第 1 版　2021 年 6 月第 1 次印刷

787×1092 毫米　开本：1/16　印张：15.75

字数：330 千字

定价：168.00 元

《石油行业典型事故案例汇编》
编 写 组

主　编：于长武

副主编：杨　芬　杨晓巍

编写人员：（以姓氏笔画排序）

丁立业	丁宜宁	丁嚚添	于在江	马云博	王振胜
邓治家	平庆来	田志达	付红霞	付秋林	付喜忠
包　波	师　雯	师文艳	全宝东	庄雅茹	刘　辉
刘　强	刘　鑫	许艳敏	苍天鹏	李　逵	李文杰
李劭彧	李攀峰	杨立刚	杨成全	杨先勇	杨济源
何恩立	邹洪超	汪生有	沈少林	迟丽薇	张　朝
张军伟	张建新	张晓丽	邵殿涛	郑　波	郑赛男
宛　毅	赵　威	钟志国	秦　刚	柴　源	高　瞻
高亚军	郭　静	郭守贵	崔　影	蒋　微	韩　杰
焦　石	薛晓凡	冀　凯			

事故——这是一个古老而沉重的话题。从生产活动诞生起，便有各种各样、五花八门的事故，血与泪的教训让人刻骨铭心。事故之患犹如洪水猛兽，所到之处，将毁掉人们的生命，家庭的幸福；事故之患关系企业的稳定，社会的和谐。

事故不可逆，生命不重来，发生事故必然会造成人员伤亡、财产损失、环境破坏。吸取事故教训，杜绝事故发生，就是编制本书的初衷。

本书汇集了近年来石油行业发生的物体打击、机械伤害、高处坠落、起重伤害、火灾和爆炸、中毒和窒息、井喷失控、触电、坍塌、车辆伤害和其他11大类一百八十多起比较典型的事故案例，涉及钻井工程、井下作业、采油集输、工程建设与其他等五个领域。主要内容包括：事故经过、原因分析、案例警示等。大多案例配以事故现场照片或插图，高度还原事故场景，从专业角度对各案例进行分析，力求使员工产生视觉冲击、心理共鸣，达到吸取教训、举一反三的目的，从而有效地遏制事故发生。

本书在编写过程中，得到了行业内各油气田和相关部门的大力支持，参考了相关事故调查报告，征求了多位专家意见，在此表示感谢！向参与图书制作并付出心血和努力的同志们深表谢意！

囿于编者水平，书中难免有错误和不当之处，敬请读者批评指正。

编 者

2021 年 5 月

目　录

第二部分　机械伤害事故典型案例

第三部分　高处坠落事故典型案例

第四部分　起重伤害事故典型案例

第五部分　火灾和爆炸事故典型案例

第六部分　中毒窒息事故典型案例

第七部分　井喷失控事故典型案例

第八部分　触电事故典型案例

第九部分　坍塌事故典型案例

第十部分 车辆伤害事故典型案例

第十一部分　其他事故典型案例

第十二部分　事故案例总结分析

附录　生产安全事故报告和调查处理条例

第一部分

物体打击事故典型案例

物体打击事故是指物体在重力或其他外力作用下产生运动，打击人体造成的人身伤亡事故。它是一种常见事故。物体打击事故不包括因机械设备、车辆、起重机械、坍塌、压力容器爆炸飞出物等引发的物体打击事故。石油行业安全事故中，物体打击分布最广，在各个专业领域案例多发，其中以钻井工程领域最为突出，主要是工具零件高处掉落伤人、设备带病运转伤人、设备运转中违章操作伤人等情形。

本部分共收集物体打击典型案例 31 起，其中钻井工程 10 起、井下作业 5 起、采油作业 9 起、工程建设 6 起、其他行业 1 起，事故共导致 36 人死亡，20 余人不同程度受伤。事故大多发生在作业人员与施工机具较多，以及交叉作业时；原因多为施工作业现场风险识别不足，员工作业过程中思想不集中、疏忽大意，没有认识到一些关键工序作业过程中的安全风险；员工违章指挥、违反操作规程作业，坏习惯、老毛病、冒险作业；设备设施完整性不足，一些关键部位、重要设施安全检查不到位等。

为了防范事故发生，企业应进一步加强员工安全意识、操作技能的教育培训，扎实开展设备设施完整性检查，确保安全可靠。

一、钻井工程

1. 20050906 钻井作业物体打击事故

2005 年 9 月 6 日，某石油管理局一钻井队在钻井作业过程中，发生物体打击事故，造成 1 人死亡。

📈 事故经过

2005 年 9 月 6 日 20 时，甩完钻杆立柱，副经理 A 某安排内钳工 B 某操作气动绞车，空负荷上提吊钩和提丝到二层台时，滚筒的钢丝绳缠绕较乱，B 某停止了操作。

A 某又让内钳工 C 某（临时合同工）过去操作，由于绞车天滑轮两端的钢丝绳重量不平衡，吊钩上行速度快，卡到天滑轮槽内。

两名操作人员将吊钩拉下来后，A 某要求将提丝拧在加重钻杆立柱上，让 C 某操作气动绞车上提，C 某看到气动绞车滚筒的钢丝绳缠得太乱，建议停止操作，但 A 要求 C

图 1-1 事故示意图

某继续下放。

下放过程中，滚筒钢丝绳二次释放，将固定天滑轮的两股钢丝绳拉断，下落的滑轮砸中副司钻 D 某的背部，D 某送医院抢救无效死亡。

💡 直接原因

钢丝绳断裂，绞车天滑轮落下过程中击中副司钻 D 某背部，导致其死亡（图 1-1）。

💡 间接原因

（1）违章指挥，冒险蛮干。

在固井施工未完，水龙带接在水泥头上仍在循环钻井液的情况下，井队干部违章指挥生产，用气动绞车代替游车提钻杆立柱进行甩钻具作业。

（2）气动绞车钢丝绳排绳松乱，致使瞬间过载，钢丝绳被拉断。

（3）从副司钻到井架工、气动绞车操作人员，都没有拒绝违章指挥，且自身冒险操作。

（4）采用钢丝绳固定气动绞车天滑轮不牢靠。

（5）操作人员安全意识不强、安全技能不够，在工作场所出现险情后，缺乏应有的紧急避险能力。

⚠️ 案例警示

（1）严禁违规作业，尤其是严禁为抢施工进度强行违章指挥。

（2）进一步明确员工拒绝违章指挥的权力，并进行广泛培训宣贯。

（3）在甩钻具后，若出现气动绞车钢丝绳缠绕松乱、吊钩卡在天滑轮内、下放立柱时钢丝绳突然释放等危险因素，应立即停止作业，查找安全隐患。

（4）配备具有良好排绳装置的气动或液动绞车，加强对保险绳、保险销、保险阀等安全设施的检查。

（5）钻井队设备拆甩、搬迁、安装等关键工序作业，应安排专职安全监督人员现场监督，否则不得开工。

2. 20051031 甩钻具作业物体打击事故

2005 年 10 月 31 日，某石油管理局一钻井队在某井执行甩钻具作业时，发生一起物体打击事故，造成 1 人死亡。

事故经过

2005 年 10 月 30 日，钻井队作业人员在某井执行甩钻具任务。甩到第 28 柱（当班第二柱）钻杆时，第三根钻杆甩到大门坡道上，钻杆内螺纹台肩卡在大门坡道上沿处，负责在场摆正钻杆的场地工 A 某（新招市场化用工）为了让钻杆滑下来，站在滑道右侧用撬杠撬钻杆底部，钻杆在受力下滑的过程中，上端弹出坡道，由坡道外滚下，A 某躲闪不及，被钻杆打在左胸部，送医院途中死亡。

直接原因

A 某违章撬动钻杆，致使钻杆上端弹出坡道，由坡道外滚下，将 A 某砸伤致死（图 1–2）。

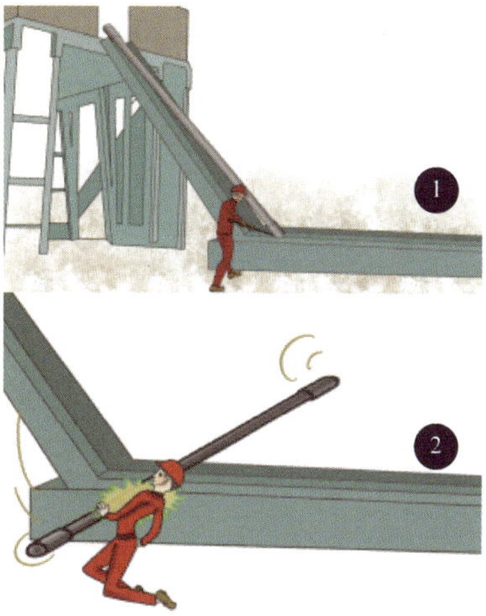

间接原因

（1）未认真执行技术规程标准化作业，从而导致事故发生。

（2）基层队忽视了对他人安全的监督。

案例警示

（1）甩钻具作业，应严格执行技术规程，实行标准化作业。

（2）新员工应经过严格的培训，考核合格方可独立作业。

图 1–2 事故示意图

（3）落实现场监督职责，尤其是对新上岗员工要指派专人监督指导。

（4）开展岗位风险辨识活动，并将风险告知作业人员，尤其是新入厂的员工。

3. 20051110 钻井作业物体打击事故

2005 年 11 月 10 日，某石油管理局一钻井队在某采油厂斜井施工，拆卸封井器并将其撤离井口时，发生一起物体打击事故，造成 1 人死亡。

事故经过

2005 年 11 月 10 日 22 时完钻后，当班班长 A 某（司钻）带领本班人员开始拆封井器。用大钩吊起封井器，放到轨道滑车上，准备将封井器撤离井口。在向外推滑车过程中，由于轨道接头处不平，有 1.5cm 的高度差，滑车车轮遇到断面阻力震动，致使车上的封井器偏斜倾倒，砸在滑车右侧推车的外钳工 B 某（当年 8 月新招市场化用工）头部，致使 B 某受重伤，送医院抢救无效死亡（图 1–3）。

直接原因

用滑车将封井器撤离井口时，由于轨道接头处不平，造成滑车受阻震动，致使车上的封井器倾倒，砸在滑车右侧推车的外钳工 B 某头部。

图 1-3 拆封井器

间接原因

（1）在安装滑车轨道过程中，未在前段轨道底部设置枕木类设施，也没有垫装合适的支架，导致整体轨道前段低于轨道中段达 1.5cm。

（2）开钻前未进行详细验收，未发现滑车轨道前段低于轨道中段达 1.5cm。

（3）将封井器吊装到滑车上，未将其摆放在滑车的中心位置，也未将其与滑车捆绑固定，由于封井器重心较高，移动滑车遇震动造成封井器倾倒。

案例警示

（1）开钻前，要进行详细认真的开工验收，提前发现各类风险，提前处理。

（2）作业前，进行工作前安全分析，辨识每一个操作步骤存在的风险，对辨识出的风险，制订落实消减防范措施，杜绝盲目冒险蛮干。

（3）作业前对设备设施进行全面的检查，及时消除设备隐患。

（4）现场安全监督检查要到位，杜绝违规操作。

4. 20080408 安装井架设备物体打击事故

2008 年 4 月 8 日，某公司一钻井队在设备安装过程中，发生一起物体打击事故，造成 1 人死亡。

事故经过

2008 年 4 月 8 日，钻井队在某井安装顶驱导轨，司钻操作刹把，吊起顶驱导轨的提升架安装在第一节导轨的顶部，并加装固定锁销。安装完第四节导轨后，用游钩上提提升架安装导轨，导轨与吊臂连接完毕后，副司钻 A 某进入提升架内拆卸提升架固定锁销。

固定锁销拆除后，副司钻 A 某坐在提升架内示意下放游钩，司钻 B 某操作刹把下放游钩。当提升架下行至第一节与第二节顶驱导轨的连接处时，突然卡住，游钩继续下行，副司钻 A 某被压在游钩与提升架之间，后脑受挤压，经抢救无效死亡（图 1-4、图 1-5）。

直接原因

顶驱导轨提升架沿导轨下行遇卡后，游车继续下行，挤压搭乘提升架下井架的 A 某后脑部，致其死亡。

图 1-4　提升架与顶驱导轨

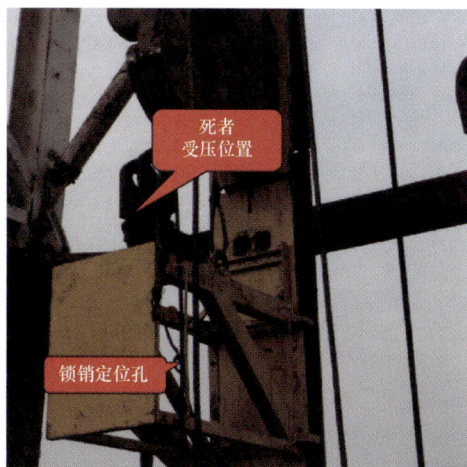

图 1-5　事故示意

间接原因

（1）安装操作不当。

在设备安装前，应先将提升架固定锁销拆除，再安装导轨。

（2）违规操作。

A 某拆掉顶驱提升架固定锁销后，试图直接乘坐提升架下到钻台，违反了该公司"严禁搭乘顶驱导轨提升架，避免人员伤害"的规定。

（3）提升架受外力遇卡。

由于提升架与大钩之间用单根钢丝绳连接，属不稳定状态。提升架坐入后，重心发生偏移，产生翻转力矩，使得提升架紧贴导轨。当提升架下行致导轨接口处，发生刮卡。

案例警示

（1）顶驱安装操作中，严禁搭乘顶驱导轨提升架。

（2）严禁违章指挥、违规操作，及时制止他人违章。

（3）聘请专业的厂家安装调试顶部驱动装置。

（4）完善顶驱设备安装、拆卸操作规程，严格按照操作规程操作。

5. 20080712 某井场库房物体打击事故

2008 年 7 月 12 日，某国外项目某队在井场材料库房寻找配件过程中，发生一起物体打击事故，造成 1 人死亡。

事故经过

2008 年 7 月 12 日，某国外项目某队 1 名中方机械师在作业区井场材料房内，寻找井架液压站配件时，由于斜放在材料房内的钢板倾倒，前胸被撞击，导致肺和肝破裂，

图 1-6 事故模拟图

胸腔和腹部出血，经抢救无效死亡（图 1-6）。

直接原因

集装箱材料房存放的 13 张钢板一起倾倒，并撞击死者前胸，同时其后背被材料房内货架挤压，前后重击，造成死者肺和肝破裂，胸腔和腹部出血（图 1-7）。

间接原因

（1）集装箱材料房内作业环境不良。

（2）钢板放置不合理，现场人员操作上存在缺陷。

（3）平台经理、机械师风险识别能力不强。

（4）现场 HSE 监督巡回检查不到位。

图 1-7 模拟事发图片

案例警示

（1）作业场所应进行全面的风险辨识。

（2）材料库房按要求进行定置摆放。

（3）库房内应留有足够的安全通道。

（4）库房照明应充足。

6. 20081023 连接测井仪器物体打击事故

2008 年 10 月 23 日，某公司一测井队在连接测井仪器过程中，发生一起物体打击事故，造成 1 人死亡。

事故经过

2008 年 10 月 23 日，测井队开始主仪器串测井作业，上提主仪器时测井队 A 某发现中感应曲线不正常，由于现场只有一只感应仪器，A 某到附近施工的另一测井队去借感应仪器，同时安排测井队起出井内仪器准备先测辅仪器串。

23：10 左右，辅仪器串接好，井口工 B 某站在转盘上井口左侧扶仪器入井，当绞车刚把辅仪器串前部提离至地面 1m 左右时（仪器尾部没有离开地面），吊卡活门突然打开，"T"形棒脱落，与"T"形棒串联在一起的张力计、天滑轮及测井电缆一同从井架二层台的高处坠落，砸到站在钻盘上的 B 某头顶，B 某经抢救无效死亡（图 1-8）。

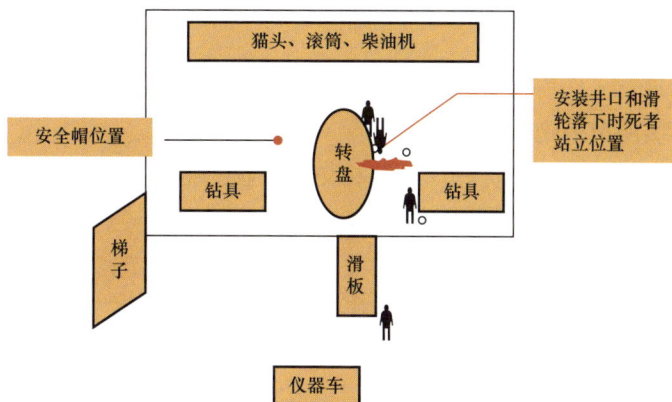

图 1-8 事故示意

💡**直接原因**

由于吊卡活门在测井仪器上钻台过程中突然打开，致使悬挂于钻井吊卡上的测井用"T"形棒及其下挂的张力计、天滑轮、电缆线等从高空坠落，砸到站在钻盘上准备接仪器的 B 某头上，造成 B 某死亡（图 1-9）。

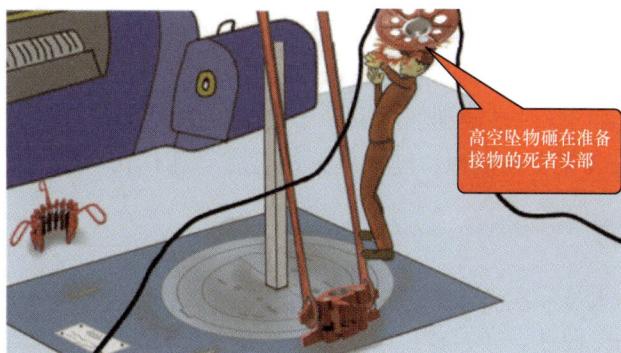

图 1-9 事故模拟

💡**间接原因**

（1）吊卡与"T"形棒的连接存在隐患。吊卡活门的自锁机构伸缩不灵活，吊卡活门不易被关到锁死状态，"T"形棒在连接到吊卡上时，没有加装防脱锁具，大绳在提升中出现打扭，吊卡转动，加上"T"形棒的跳动，吊卡活门被震开。

（2）夜间施工作业视线不好，精力不集中，给作业带来不利影响。

（3）责任主体不明确，缺乏必要的沟通与工作协调。

测井时，钻井队没有专门人员监护、观察钻井设备和工具，测井队人员对钻井工具的性能、工作状态及可靠性等问题疏于检查。

（4）员工的风险意识和自我保护意识差，没有进行工作前安全分析，对现场作业安全隐患认识不足，没有采取安全防范措施。

⚠️ 案例警示

（1）作业前进行工作前安全分析，辨识每一个操作步骤、设备隐患及特殊作业环境存在的风险，落实防范措施。

（2）严格界定工作界面和责任，对涉及交叉作业的相关操作，明确主、辅关系，强化主体责任，细化工作步骤，严格确认制度。

（3）在进行交叉、配合作业前，各相关作业方必须进行交底和安全确认，对各自的风险点、危险源要向相关方详细说明和交代。

（4）加强对测井悬吊用"T"形棒的安全防护，排查钻井工具、测井工具及连接方式存在的安全隐患，辨识其存在的风险。

（5）对夜间、冰冻雨雪等不利条件下作业，要给予特别的安全提示，落实照明措施。

7. 20081117 下套管作业物体打击事故

2008年11月17日，某公司一钻井队在某油区井场下套管作业过程中发生一起物体打击事故，造成1人死亡。

📋 事故经过

2008年11月17日，某公司一钻井队在某油区进行下套管作业，钻井液工A某用钢丝绳套挂好套管后，示意副司钻B某操作气动绞车上提套管。当套管上提到离钻台面1m左右时，套管内螺纹端碰到坡道上，导致绳套脱开套管滑落，砸到站在坡道旁边的A某头部，导致A某受伤倒地，经抢救无效死亡（图1-10）。

💡 直接原因

气动绞车操作人员一次性将套管提升过高、速度过快，当套管内螺纹端碰到大门坡道后产生较大振动、摆动，使套管与钢丝绳套脱开，套管失去控制后自由倒下，且钻井液工A某没有及时撤离危险区域，站位不当。

💡 间接原因

（1）副司钻B某在系绳套人员未撤离危险区域的情况下，违规操作气动绞车上提套管。

（2）现场人员违反规定使用钢丝绳套作为吊套管的锁具，且在套管外壁结霜而没有进行除霜处理的情况下进行作业，间接引发绳套与套管脱开。

图 1-10　事故现场

⚠案例警示

（1）套管作业，必须使用专用吊带起吊。

（2）小绞车拉紧吊带后，人员先撤离到安全位置，接到提升信号后方可进行提升。

（3）套管上钻台过程中要控制好速度，防止碰伤人员。

（4）作业前进行工作前安全分析，辨识每个操作步骤存在的风险。

（5）严禁违反规定随意调换岗位。

（6）落实作业现场的安全监督职责，及时制止现场的不安全行为。

（7）对吊具、索具进行全面检查，并建立相应的台账，明确专人管理，定期保养，确定吊具、锁具完好有效。

（8）落实作业过程中的技术措施和安全措施。

（9）作业前应对作业人员进行风险告知，提高作业人员的安全意识。

8. 20100422 钻井作业物体打击事故

2010 年 4 月 22 日，某钻探公司发生一起物体打击事故，造成 1 人死亡，1 人轻伤。

📖事故经过

2010 年 4 月 22 日，钻井队起钻遇卡，接方钻杆倒划眼，循环钻井液。卸掉方钻杆入鼠洞后挂吊卡（双吊卡起下钻），内钳工将内钳一侧吊环推进吊耳，并插好保险销，外钳工将外钳一侧吊环推进吊耳内，由于该侧吊环高度低，吊环向外倾斜导致保险销不能插入，站在转盘与猫头轴之间的副队长 A 某双手用力扶住两侧吊环，并示意副司钻 B

某上起油车。

副司钻B某目视井口，误将转盘离合器控制手柄当作绞车离合器控制手柄挂合（图1-11），见游车没有启动，随即再次挂合。此时，转盘旋转，外前一侧的吊环从吊卡的吊耳内别出，击打A某，并将其抛出钻台面，经抢救无效死亡（图1-12至图1-14）。

图1-11　转盘离合器与绞车离合器手柄

图1-12　事故模拟

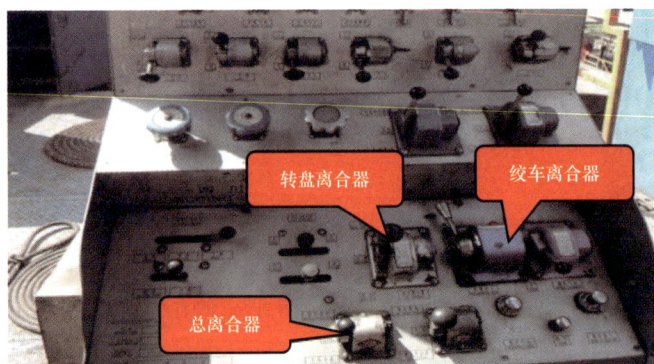

图1-13　离合器手柄位置

🔆 直接原因

副司钻 B 某误将转盘离合器控制手柄当作绞车离合器控制手柄操作，造成转盘带动吊卡转动，致使外钳一侧的吊环从吊卡内别出，打击 A 某，使其从钻台坠落到场地上。

🔆 间接原因

（1）副司钻操作时精力不集中，实际操作经验不足。

（2）副队长 A 某风险意识淡薄，站在不当位置协助外钳工，转盘转动时未能及时撤离。

钻台距地面高度7.5m
栏杆高度1.2m

死者位置
距井口距离15m

图 1-14 事故现场

（3）现场安全监督技能较低，对副司钻起钻作业没有实施有效监督，对站在不当位置协助外钳工插安全销未纠正和制止。

（4）在复杂井段起钻中，司钻岗位、井口操作人员集体换岗，同班组起下钻作业采取两组互倒方式，未等起钻正常后司钻离开钻台。

（5）绞车与转盘控制手柄存在设计缺陷，绞车控制手柄与转盘控制手柄比邻，形状一样，挂合方向相同，不便观察，易发生误操作。

（6）设备操作准确性相对较低，刹把操作人员在下放游车时，吊环很难一次准确到位。

⚠️ 案例警示

（1）改进司钻操作台操作方式，把在用机械钻机的转盘离合器操作手柄改为 T 形，绞车离合器操作手柄改为圆形。

（2）对岗位、现场、设备进行充分风险辨识，及时整改现场隐患。

（3）加强员工操作技能培训。

（4）将在用设备操作规程和钻井技术操作规程有机结合，细化起下钻作业程序。

9. 20140505 起井架施工物体打击事故

2014 年 5 月 5 日，某钻探工程公司一钻井队在起井架施工过程中，井架失控倾倒，发生一起物体打击事故，造成 1 人死亡。

📇 事故经过

2014 年 5 月 5 日，钻井队按要求开始正式起升井架。在游车行驶接近二层台位置时，发现游车上端与二层台左侧前门挡杆可能发生相碰，于是将井架放至地面安装支架，将挡杆收回复位。

图 1-15 事故现场一

13：10，再次正式起升井架。观察井架即将起升到位，队长 A 某随即左手摘掉绞车低速离合器，右手下压刹把，此时发现滚筒运转异常，摘掉总车离合器，滚筒仍然运转，导致左侧起升大绳翻转导向滑轮基座耳板断开，右侧起升大绳翻转导向滑轮基座与底座工字梁焊口撕开，井架随即倒向钻机后方。钻台大班 B 某被挤压在井架与钻台面之间，经法医鉴定 B 某死亡（图 1-15 至图 1-18）。

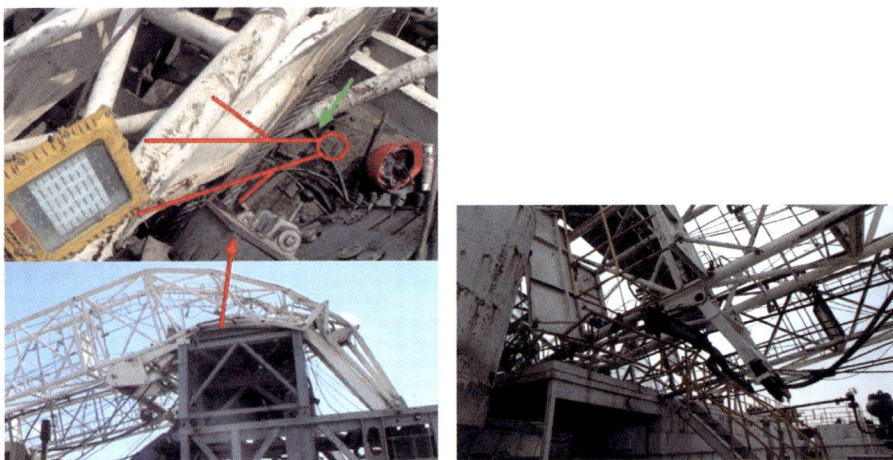

图 1-16 事故现场二

图 1-17 起升大绳翻转导向滑轮情况

直接原因

绞车滚筒不能及时停止运转，井架倾倒，将 B 某挤压在井架与钻台面之间，造成人员死亡。

间接原因

（1）低速离合器两个快速放气阀其中一个内有异物，造成该低速离合器快速放气阀件遇卡不能快速放气，不满足放气时间小于 4s 的要求（图 1-19）。

（2）未定期对气控阀件进行检修保养。

（3）起井架前对二层台检查不到位，没有对二层台左侧前门挡杆进行有效固定。

⚠ 案例警示

（1）起放井架前应确保井架基础与绷绳、井架与底座、井架起升系统、气控系统、刹车系统、液压系统、油路等重点部位完好。

（2）定期对气控阀件进行检修保养，防止异物进入管线，起放井架前必须对气路进行检查。

图1-18　井架左侧起升大绳翻转导向滑轮基座耳板断开

图1-19　快速放气阀情况

（3）作业前应对作业现场、作业环境检查，消除起井架过程中的安全隐患。

（4）加大对倒井架风险分析和危害因素识别，根据不同钻机类型制订具体的防范措施。

（5）在起放井架安全操作规程中，明确岗位的具体分工和具体操作步骤。

（6）进行工作前安全分析，辨识出每个操作步骤存在的风险，落实防范措施。

10. 20150713 完钻撤离过程中物体打击事故

2015年7月13日，某钻井队在某油田页岩气水平井完钻，待撤离时，发生一起物体打击事故，造成1人死亡。

📋 事故经过

2015年7月13日8：00，钻井队司钻安排4名员工维修气源房门，安排钻井工A某等人清理前场、包扎管线接头、设备防锈等工作。

办理"高处作业许可证"后，4名作业人员将气源房门用棕绳捆绑并固定在房顶挂钩上后开始工作。副司钻、现场监护人员使用撬杠撬动气源房推拉门，使其右门跳出导轨的一端复位。在撬动过程中该门全部跳出导轨，固定绳索崩断，A某私自来到维修作业现场，刚好从气源房推拉门左门出来，在避让过程中被绊倒，门砸在 A 某胸部，A 某经抢救无效死亡（图 1–20、图 1–21）。

图 1–20　事故现场

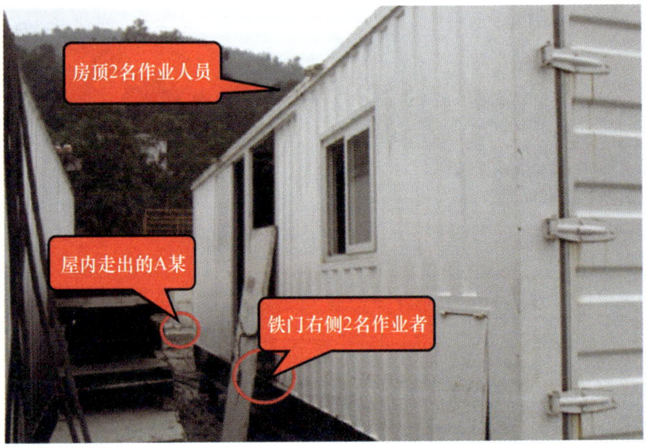

图 1–21　人员位置

💡直接原因

气源房推拉门跳出导轨，固定房门的棕绳崩断，致使房门侧向倒下，撞压躲避时摔倒的钻工 A 某胸部。

💡间接原因

（1）撬动推拉门用力不当。副司钻、现场监护人撬动推拉门时用力过猛，致使推拉门跳出导轨。

（2）固定绳索承载力不够。推拉门重达 125kg，由于棕绳较粗，无法穿过推拉门与墙壁间隙，拆分为三捻后单股使用（单捻安全拉力最大为 65kg），无法承载门的重量，致使棕绳崩断。

（3）现场作业空间狭窄（作业空间横向仅 0.8m），地面铺有碎石和电缆线。在气源房推拉门侧倒时刻，A 某退行躲避时仰面摔倒。

（4）现场监护人未履行监护责任，参与撬门作业未能及时发现并制止 A 某进入现场。

（5）施工过程中未拉设警戒线将作业区隔离，致使非作业人员进入作业现场。

⚠️ 案例警示

（1）员工在作业场所中移动时，要注意观察预行进路线，避免进入与己无关的作业地点。

（2）进行工作前安全分析，辨识每一个操作步骤存在的风险。

（3）风险辨识要全面，对棕绳分股使用后的承载力、作业空间狭小、地面不平整等风险进行全面识别评估。

（4）施工过程中拉设警戒线将作业区域隔离，严禁无关人员进入作业现场。

（5）加强培训，杜绝野蛮施工。

二、井下作业

1. 20020103 修井作业物体打击事故

2002 年 1 月 3 日，某油田井下作业分公司一修井队在某油田一斜井进行修井作业时，发生一起物体打击事故，造成 1 人死亡。

📖 事故经过

2002 年 1 月 3 日 0：40，某油田井下作业分公司修井队在斜井执行修井任务。解卡打捞作业中，发现存在井喷预兆，提管柱过程中，瞬间遇卡又解卡，致使管柱上窜，造成游动滑车摆动，撞击驴头，将驴头撞落，下落的驴头将井口工砸伤，送医院抢救无效死亡。

💡 直接原因

上提管柱遇卡后突然解卡，管柱上窜带动大钩将驴头撞落，导致物体打击事故。

💡 间接原因

（1）井下打捞工具外径较大，且位于造斜弯曲井段内，加之该井段结蜡和钻井液沉积严重，管柱瞬间遇卡又解卡，抽油机驴头在突发情况下被大钩撞击掉落，造成人员伤亡。

（2）作业施工前交接不细，尤其是对驴头固定部件的检查和交接不到位。

（3）井下作业开工许可制度执行不严格，针对不符合安全要求的隐患，未加以整改就擅自开工作业。

（4）未辨识出驴头固定、平台梯子和围栏等方面存在的安全隐患。

⚠️ 案例警示

（1）作业前应进行工作前安全分析，辨识风险，排除隐患并制订方法措施。严格执行井下作业技术标准，抽油机驴头应摆放到位，不得影响提升系统。

（2）在施工作业指导书中，应细致分析井史，充分考虑地质条件，采取切实可行的工艺措施。

（3）加强对岗位操作人员紧急情况应急处置能力培训，提高其业务素质和安全技能。

2. 200901 修井作业物体打击事故

2009 年 1 月某日，某试油队在进行修井作业时，发生一起物体打击事故，造成 1 人轻伤。

📈 事故经过

2009 年 1 月某日，某试油队在某井执行修井任务。起隔热管作业中，使用 $\phi 73mm$ 油管的小滑车拉送隔热管，由于小滑车与井内管柱不匹配，卸扣后下放隔热管的过程中，由于操作不当，隔热管从滑道上突然掉下，将拉油管的 A 某小腿砸伤，造成小腿骨折。

💡 直接原因

施工作业人员在拉隔热管的过程中，注意力不集中，操作不当是导致事故发生的直接原因。

💡 间接原因

在起下管柱时，没有严格执行井下作业安全规范，使用与井内管柱不匹配的小滑车。

⚠️ 案例警示

（1）严格执行操作规程，加强对设备、工具的安全检查，并及时进行更换。

（2）加强对特殊施工环节和施工现场的安全风险识别和监督检查。

（3）加强员工的安全培训，提高职工安全防范意识，根据现场实际情况，配备使用合格、规范的施工工具。

3. 20090610 下抽油杆柱物体打击事故

2009 年 6 月 10 日，某油田修井队在下抽油杆柱作业时，发生一起物体打击事故，造成 1 人死亡。

📈 事故经过

2009 年 6 月 10 日 4：50，某油田修井队在某井进行下生产管柱作业。作业准备完毕后，班长进行班前讲话，安排当日工作，提示存在风险，然后各岗位按照 HSE 现场检查表进行检查。5：10，经队长开工验收合格后开始作业。根据班长安排，司钻负责司钻操作，班长、井口工负责井口操作，场地工负责场地作业。5：40 起出管柱、清蜡。6：35 下完抽油管柱。6：40 下抽油泵活塞和抽油杆。7：09 下至第 27 根抽油杆时，按照规定操作程序，班长上好抽油杆螺纹后，司钻上提抽油杆。当抽油杆下入井口 70cm 左右时遇阻停滞，抽油杆上端从提引式吊卡中脱出并向地面倾斜，随即快速向井内下落并无规则摆动。班长闪避不及，左侧面部被抽油杆抽打，面部朝下倒在地上，送医院抢救无效死亡（图 1-22、图 1-23）。

图 1-22 事故现场

事故后起出的抽油杆

提引式吊卡

图 1-23 起出的抽油杆及吊卡

直接原因

第 27 根抽油杆遇凝油停滞，提引式吊卡继续下行，吊卡保险圈在反作用力的作用下向上位移，抽油杆从吊卡中脱出倾倒，同时已下井抽油杆迅即通过凝油段，带动地面未进入井口部分的抽油杆回弹摆动（图 1-24、图 1-25）。

间接原因

（1）危害因素辨识不全面，风险受控管理存在很大漏洞。

（2）工艺安全管理不到位，忽视了井内液面对修井作业的影响。

图 1-24 油管内外凝（挂）油

图 1-25 抽油杆挂油

（3）安全教育培训不扎实，员工自我保护和监督意识不强。

预防措施

（1）加强修井作业工具管理，消除物的不安全因素。

（2）强化危害因素辨识评估，提高管控风险能力。

（3）细化量化岗位操作规程，确保操作安全规范。

4. 20090907 修井作业物体打击事故

2009 年 9 月 7 日，某油田井下技术作业公司在对修井机轮胎充气过程中，发生一起物体打击事故，造成 1 人死亡。

事故经过

2009 年 9 月 7 日，某油田井下技术作业公司某小队进行射孔作业和更换轮胎等辅助工作。16：10，射孔结束后，进行观察作业。观察作业空闲期间，大班带领 A 某、B 某等对现场修井机磨损比较严重的 4 条轮胎进行更换辅助作业。

16：15，A 某、B 某将上午已经装好轮辋的 4 条新轮胎进行充气。16：40，当对第 4 条新轮胎充气到 0.72MPa 时，轮胎内胎突然发生爆炸，爆炸的内胎造成轮胎轮辋锁圈飞出，击中 A 某头部，安全帽被打裂，A 某昏迷倒地，经医生抢救无效死亡（图 1-26 至图 1-28）。

直接原因

轮胎内胎质量不合格，经过国家橡胶轮胎质量监督检验中心和陕西省橡胶产品质量监督检验站检测，该内胎扯断强度、上侧胎身部位尺寸不均率不符合 GB 7036.1—2009《充气轮胎内胎 第 1 部分：汽车轮胎内胎》技术标准要求。致使该内胎在未达到额定压力的情况下发生爆胎，致使人员受物体打击死亡。

锁圈和挡圈分体的轮辋　　　锁圈和挡圈合体的轮辋

图1-26　轮辋构造

图1-27　模拟事故发生后现场人员站位

图1-28　爆炸的内胎

💡 间接原因

（1）受目前物资验收条件所限，依据物资验收管理相关规定，对轮胎的验收只能进行数量、外观、资料的验收，不能按产品标准对轮胎内在质量进行抽样检验，轮胎质量验收工作存在漏洞，致使存在质量缺陷的轮胎流入油田生产领域。

（2）对日常更换修井机轮胎、轮胎充气等辅助性作业风险识别不到位，教育培训不够，员工安全意识较为淡薄，缺乏识险、避险的能力，虽然作业队作业前组织召开了班前安全会，但没有对当班员工进行轮胎充气过程中存在风险的安全教育。

⚠️ 案例警示

（1）认真吸取事故教训，及时全面传达事故情况。将"9·7"物体打击事故传达给全员，要求认真吸取事故教训，加强风险识别，制订消减措施，杜绝类似事故发生。

（2）完善轮胎采购管理办法和入库验收流程，对存在风险的轮胎直接从厂家采购，严把轮胎采购质量关，杜绝不合格物资流入生产环节。轮胎到货后，每批至少抽取1条进行内在质量检验。

（3）开展汽车轮胎（不包括无内胎结构）更换维修业务检查；要求必须到有汽车维护专业资质的厂点进行轮胎更换维修，不得擅自开展此类业务。

（4）对有井控设备、阀门、安全阀、压力表等试压业务的单位开展一次全面普查，重点检查设备设施是否完善、人员培训是否到位、是否有操作规程和安全防范措施，对存在安全隐患的单位停顿整改。

5. 20130609 下油管作业物体打击事故

2013 年 6 月 9 日，某井下作业公司一作业队在下油管作业时，发生一起物体打击事故，造成 1 人死亡。

事故经过

2013 年 6 月 9 日，作业队完成安装和现场标准化工作，完成井口左右偏差校正，因风大未对前后偏差进行调整，区块技术员组织进行了开工验收。

9 日 3：00，由于燃气发电机出现故障，现场停工，进行替钻井液作业。下射孔管柱。在下第 109 根油管时，井口工上螺纹时发现油管螺纹上斜，随即卸螺纹检查，检查螺纹完好后，再次上螺纹发现油管螺纹仍上斜。副司钻见状，安排井口工去操作刹把，自己操作液压钳上螺纹，油管螺纹仍上斜，副司钻卸螺纹后，示意井口工上提油管。

油管被上提 20mm 时，油管与井内油管瞬间脱开，上窜与大钩发生撞击，导致吊卡两端销子弹出，吊卡脱开吊环，油管倒向修井机左侧，砸中正在逃离的司钻头部，司钻经抢救无效死亡（图 1-29 至图 1-31）。

直接原因

上提油管时，油管与井内油管瞬间脱开，油管突然上窜与大钩发生撞击，吊卡两端销子弹出，吊卡脱开吊环，油管倒向修井机左侧，砸中正在逃离的司钻头部，导致事故发生。

间接原因

（1）井架安装调试不规范，游动滑车与井口中心后偏差达到 150mm（标准值≤40mm）。

（2）井架安装调试验收不到位，作业人员也未及时上报，造成安全隐患存在，导致下第 109 根油管上螺纹时三次偏扣。

（3）没有辨识作业过程中的风险。两个班组对"游动滑车与井口中心后偏差过大"的问题没有重视，没有向区块负责人汇报，也没有采取有效措施。使施工作业置于风险中。

（4）副司钻对油管螺纹两次上斜，没有分析原因，亲自操作第三次上螺纹，导致卸螺纹时滑丝，造成上提管柱时挂扣。

（5）副司钻违章指挥让没有操作证的井口工操作刹把，井口工经验不足，操作不平稳，造成油管脱扣上窜。

（6）司钻违反劳动纪律，在工作中用耳机听手机音乐，注意力不集中，对突发险情不能正确判断。

图 1-29 事故现场一

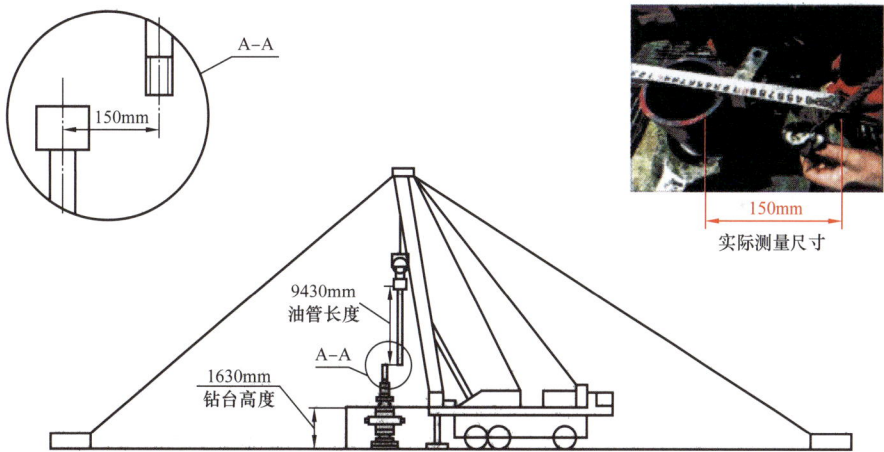

图 1-30 事故现场侧面图

图 1-31 事故现场二

（7）作业队违反有关规定，在实际工作中让区块组织验收，且验收标准不高。

（8）作业队允许区块在搬迁队无法保障机组搬迁时，自行安排机组搬迁、安装，且对区块机组自行安装的管理变更没有提出安全保障要求和措施。

⚠️案例警示

（1）设备发生变更，必须严格执行相关规定，设备技术参数发生变化的必须重新制订操作规程，以书面形式告知使用单位。

（2）设备完成变更运行前，对变更涉及和影响的人员进行培训和沟通。

（3）对设备设施风险动态管理，设备设施定期进行安全检测，大修后进行全面安全评估。

（4）对磁性吊卡销子增加防脱保护装置，从根本上消除突发情况下吊卡销子弹出的安全风险。

（5）进行工作前安全分析，辨识每个操作步骤、作业现场及设备存在的风险和隐患，落实防范措施。

（6）严禁违章指挥和违规作业，严禁违反劳动纪律。

三、采油作业

1. 20000218 检修作业物体打击事故

2000 年 2 月 18 日，某油田公司一采油厂地面队在检修抽油机减速箱时，发生一起物体打击事故，造成 1 人死亡。

📈 事故经过

2000 年 2 月 18 日下午，地面队检修抽油机减速箱，钳工卸掉减速箱前后 8 个合箱螺栓后，由于左右两侧的合箱螺栓不好卸，焊工在两侧合箱螺栓下部的螺母上焊钢筋固定螺母，以方便卸螺栓。当右侧的 10 个和左侧前部的 4 个合箱螺栓卸掉时，共卸掉 22 个合箱螺栓。焊工继续给余下的 6 个合箱螺栓焊钢筋。

当焊最后一个螺栓时，由于有大皮带轮和曲柄遮挡，不易操作，焊工仰卧在地面，将头部伸到曲柄下面，紧贴在曲柄与地面形成的夹角处进行焊接。此时，曲柄突然下落，压在焊工头部，经抢救无效死亡（图 1-32）。

图 1-32　事故示意图

💡 直接原因

没有卸载抽油机负荷、没有将连杆从曲柄上卸掉就直接卸掉减速箱合箱螺栓，导致减速箱输出轴脱离减速箱二轴齿轮咬合而发生旋转，减速箱左侧曲柄端压在焊工头部，是事故发生的直接原因。

💡间接原因

（1）卸掉减速箱合箱螺栓的作业风险高，但是在作业前地面队没有组织作业人员对此项作业进行危害因素辨识，没有制订合理的操作步骤和规避风险的措施。

（2）作业者缺乏专业技术知识和安全意识，才敢在减速箱没有卸载的危险情况下卸掉减速箱合箱螺栓，焊工才敢在曲柄下面仰面进行焊接作业。

⚠案例警示

（1）拆除抽油机减速箱和卸掉减速箱合箱螺栓必须要摘除抽油机负荷、卸掉杆与曲柄的连接。

（2）进行工作前安全分析，辨识出每一个操作步骤存在的风险，制订安全稳妥的操作步骤，严格按制订的操作步骤执行。

（3）抽油机维修严禁上下同时作业。

2. 20010403 抽油机巡检物体打击事故

2001年4月3日，某油田公司一采油队发生一起物体打击事故，造成1人死亡。

📝事故经过

2001年4月3日，一采油队维修班班长带领3名工人，到井场平台更换抽油机负荷传感器。在返回队部途中，经过另一井场平台，班长决定到该平台把抽油机和电动机的铭牌抄回来。于是带领一名工人来到该井，由该名工人停抽，班长刹车，将抽油机曲柄停在右上方。此时，班长用手拽住皮带，趴在抽油机皮带轮一侧的底座上，准备抄电动机铭牌上的参数。由于抽油机刹车不到位，曲柄突然下落，打在班长背部，致其当场昏迷，送医院途中死亡（图1-33）。

图1-33 事故示意图

💡直接原因

由于曲柄停在后上方，刹车不到位，曲柄在平衡块的作用下，向下旋转，是此起亡人事故的直接原因。

💡间接原因

（1）停机后，没有检刹车是否有效。

（2）在曲柄旋转区域内作业，刹车处没有监护人。

（3）班长取电机铭牌参数前，未进行危害因素辨识，导致其站位不当。

⚠️案例警示

（1）加强抽油机日常检查与维护，确保抽油机井设备完整，包括刹车灵活好用。

（2）停抽油机拉刹车作业前，必须检验刹车是否有效。

（3）在抽油机游梁上和曲柄旋转区域内的作业时，刹车处必须设有监护人。

（4）对于曲柄停止位置没有要求的作业，按停止按钮后，应使曲柄自由摆动，直到曲柄自由停止后再拉刹车。

（5）在进行任何作业之前，都要对环境和操作进行危害因素辨识，制订措施并加以实施。

（6）基础较高的抽油机井，应在基础后侧加踏步或防滑扶梯。

3. 20020209 捞油作业物体打击事故

2002年2月9日，某油田公司一作业区捞油车组在某井进行捞油作业时，发生一起物体打击事故，造成1人亡。

📈事故经过

2002年2月9日，捞油车组在某井进行捞油作业。捞油工作完成后，操作工将抽子和加重杆提到井口，组长和捞油工开始松密封盒、松架子固定螺盘腿和挂杆，从井口提出加重杆和抽子到架子固定槽的位置，操作工开始收架子。当收到大约85°时，塔架与车体的两个支撑点（铰接点）突然断裂向车右边倒下，组长因躲闪不及被加重杆击中右脸并砸在双腿上造成重伤，在送往医院途中死亡（图1-34）。

图1-34 事故示意

💡直接原因

塔架与车体的两个支撑点突然断裂，致使塔架突然倒塌。

💡间接原因

（1）捞油车塔架有三处质量缺陷，是造成塔架倒塌的主要原因。

（2）铰接点焊接工艺不合理，造成其实心部位没有焊上。

（3）焊接质量有问题，两处铰接点都有开焊的断痕和油渍，焊口存在表面裂纹；焊接面未开坡口，单面焊接；撕裂焊口存在夹渣、未焊透等焊接质量缺陷。焊接质量差是导致塔架与主车连接失效的主要原因。

（4）该捞油车铰接点结构设计上存在固有问题，以往购进的同型号捞油车，在同一部位因同一原因，出现过同样的事故。

（1）相关岗位要把好设备的入口关，强化质量验收。

（2）要对发生过事故的设备制造商进行严格的考核和准入。

（3）要把好设备的定期检验检测关，强化日常的维护和保养制度的落实。

（4）编制检查表，每次提捞作业前，必须对起升设备逐点进行检查，没有异常情况方可进行作业。

4. 20030506 清理油污物体打击事故

2003年5月6日，某开发公司在清理油污过程中，发生一起物体打击事故，造成1人重伤。

📤 事故经过

2003年5月5日，某井站副站长让刚下夜班的员工A某继续上白班清理油污，5月6日上午，该站副站长又指令A某继续清理油污，同站职工B某同往。11：10左右，B某由井口处走向减速箱清理油污，由于未采取停井措施，躲闪不及，被下行的抽油机曲柄砸到左肩处，并被带进平衡块与减速箱底座中间，将左胸及双腿严重挤伤，摔倒在抽油机基础旁，造成B某重伤（图1-35）。

图 1-35 事故示意图

💡 直接原因

B某在抽油机运转时到抽油机基墩上清理油污，被抽油机曲柄挤成重伤。

💡 间接原因

抽油机无护栏，员工B某精力不集中，行进路线距离抽油机太近。

⚠案例警示

（1）抽油机必须加装曲柄护栏，在人员密集地区内及附近的抽油机井，要加装围栏，护栏或围栏上应该有"禁止进入与攀爬"的警示语。

（2）在进行抽油机维修保养、清理油污、画安全线等工作时，必须停机。

5. 20080730 巡检物体打击事故

2008年7月30日，某公司采油厂一名班长进入抽油机曲柄运转区域，发生一起物体打击事故，造成1人死亡（图1-36）。

📤 事故经过

2008年7月30日，采油厂一名班长带领司机和一名大班工人乘车前往某井。在没有停抽油机的情况下，班长进入抽油机曲柄运转区域，被曲柄挤压头部，经抢救无效死亡。

图 1-36 事故现场

⚡直接原因

班长在没有停抽油机的情况下，独自进入危险区域，被正在运转的抽油机曲柄挤压头部致死。

⚡间接原因

班长安全意识谈薄，无视现场"严禁入内"的标识，违章进入危险区域，现场其他人员没有及时制止其违章行为。

⚠案例警示

（1）抽油机必须安装曲柄护栏。

（2）严禁在抽油机运转时，进入曲柄旋转区域。

（3）严禁在抽油机底座内存放任何物品。

（4）没有安装抽油机护栏的抽油机井，抽油机运转时，严禁进入距离抽油机曲柄 0.8m 区域内活动。

（5）基层单位要对本单位员工加强有关抽油机管理、操作的培训。

6. 20091203 联合测试物体打击事故

2009 年 12 月 3 日，某油田公司在进行联合测试作业过程中，发生一起井口爆炸事故，造成 3 人死亡，1 人重伤，4 人轻伤。

📈事故经过

2009 年 12 月 3 日，某油田公司作业区在对油井采用气举降液面和空爆弹作为声源测液面的联合测试作业过程中，套管外游离天然气进入套管内，在空爆弹击发时发生井口爆炸事故，造成 3 人死亡，1 人重伤，4 人轻伤。

📈事故原因

（1）空气举升排液工艺造成井筒内存在空气。

（2）管外天然气侵入造成井筒内存在天然气。

（3）以空爆弹作为声源的测试方式产生点火源。

⚠️ 案例警示

（1）强化施工作业方案设计，从源头上杜绝安全隐患。

（2）突出生产现场控制，切实加强施工作业安全管理。

（3）健全完善技术操作规程，保障施工作业安全。

7. 20100208 拆卸泄漏阀门物体打击事故

2010 年 2 月 8 日，某油气田带压换阀作业过程中，发生一起物体打击事故，造成 3 人死亡，3 人受伤。

📋 事故经过

2010 年 2 月 8 日，某油气田作业区发现气藏观察井一阀门与大四通连接处泄漏，油气矿安排承包商进行带压换阀门作业。2 月 8 日 15：30，该井油、套压分别降至 15MPa 和 18MPa，具备施工条件，施工单位开始带压换阀作业。16：22，当施工作业人员在拆卸泄漏阀门时，套管堵塞器和阀门突然冲出，造成施工单位操作人员 3 人当场死亡、3 人受伤（其中 1 人后来抢救无效死亡）（图 1-37）。

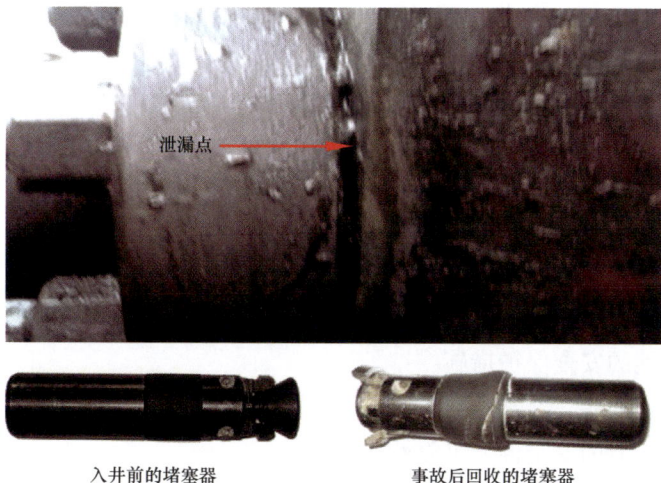

入井前的堵塞器　　　　　　事故后回收的堵塞器

图 1-37　冲出的堵塞器

💡 直接原因

套管堵塞器失效致使井筒内高压天然气突然释放喷出，造成人员伤亡。

💡 间接原因

（1）堵塞器送入不到位导致失败。该施工工艺是将封堵器送入到大四通内加压，让卡瓦牙锚定、胶筒密封，实现有效堵塞，对堵塞器送入位置要求必须准确，但因工具设计存在缺陷，无法准确判断确认封堵器到位坐封情况；操作人员仅能凭经验判断坐封和密封效果，未将堵塞器送到工作位置便完成坐封操作。

（2）坐封假象导致操作人员误判。

堵塞器坐封后观察 30min 无泄漏，是由于堵塞器胶筒膨胀后和卡瓦牙产生的摩擦力克服了井内的外顶力，形成封堵状态和坐封假象，使操作人员产生误判。

（3）操作不平稳导致堵塞器冲出。

由于作业过程中操作不平稳以及存在违章操作行为，碰撞了封堵器尾部，导致封堵器失效。

（4）施工方案存在缺陷。

施工单位对井口作业的安全风险缺乏足够认识，仅凭经验和习惯作业，编制的施工方案针对性不强，方案中缺乏关键工艺操作参数和具体的封堵器规格。

（5）施工人员违章作业。

施工单位操作人员违反安全管理规定及施工方案要求，采用肩抬方式拆卸阀门，操作人员正对井口作业，未戴护目镜等个人防护用品。

（6）施工工艺技术还不够完善：

① 堵塞器的功能设计上存在缺陷，缺少安全联锁机构，无法有效验证卡瓦牙是否锚定挂牢，工具坐封状态本身缺乏检验手段。

② 操作规程不严谨，部分关键工序缺乏操作技术指导和操作注意事项等内容。

（7）将高危作业视为常规作业进行管理：

① 井口无控部分带压更换阀门属高危作业，但油气矿将这项高危作业当作常规作业进行安排。

② 因赶工期、抢进度，导致施工控制不严格。

⚠案例警示

（1）从工艺、技术、方法及操作规程等方面对带压换阀工艺技术进行全面的安全分析，制订有针对性的安全保护措施。

（2）改进带压换阀工艺技术目前存在的缺陷，如对封堵器结构进行改进，增加安全联锁机构，提高作业的安全性、可靠性。

（3）规范采气井口相关尺寸以满足带压换阀工艺的需要，实现带压换阀工艺的安全科学操作。

（4）规范施工操作规程，并检查承包商员工的培训和操作情况。

（5）加强承包商和高风险作业的监管，严格执行旁站监督，实现生产和作业受控。

8. 20161224 检换泵物体打击事故

2016 年 12 月 24 日，某油田某井检换泵作业施工准备时，发生一起物体打击事故，造成 1 人死亡。

📈**事故经过**

2016 年 12 月 24 日 8：50，某油田某螺杆泵井进行检换泵作业前施工准备工作，副队长 A 某和当班班长 B 某用蒸汽对井口进行解冻操作，班长 B 某站在螺杆泵井南侧约 1m 处，副队长 A 某站在对侧的井口与井架之间。当班长 B 某使用热蒸汽管线刺井口约 5min，螺杆泵光杆瞬时发生反转，带动驱动皮带轮高速旋转，造成驱动轮破碎飞出，碎片击中班长 B 某颈部。现场立即拨打 120 急救电话，经现场抢救无效死亡。

💡**直接原因**

经现场勘查初步分析，解冻施工过程中，由于井口设备受热，螺杆泵驱动头、驱动轮刹车装置因热胀冷缩发生变化，受到扰动，造成防反转装置失灵，抽油杆扭矩瞬间释放，致使驱动头皮带轮高速旋转，发生爆裂飞出，碎片击中 B 某。

💡**间接原因**

（1）驱动头产生变加速作用，造成皮带轮高速旋转。

（2）驱动头皮带轮材质为铸铁，皮带轮在高速旋转下产生的离心作用超过铸铁轮的强度，造成轮体爆裂。

（3）皮带轮采用 3 条螺栓固定在驱动头上，形成应力集中，高速旋转下皮带轮易损坏。

⚠️**案例警示**

（1）加强螺杆泵井洗井管理。缩短螺杆泵井洗井周期，提高洗井质量，减少卡泵数量。

（2）开展安全检查。针对螺杆泵日常管理和作业施工开展专项安全检查工作。

（3）开展风险分析。针对螺杆泵维修操作开展风险分析，提高员工自我保护意识。

（4）加强隐患治理力度。采取安装新型防反转装置、普驱螺杆泵井更换为直驱螺杆泵和更换钢质皮带轮等三种方式，提高螺杆泵井本质安全。

9. 20200218 巡检物体打击事故

2020 年 2 月 18 日，某油田公司员工在巡检过程中，发生一起物体打击事故，造成 1 人死亡。

📈**事故经过**

2020 年 2 月 18 日 15：00 左右，某油田公司 1 名员工出站巡检，在某井落实井口压力时在井场死亡。

💡**直接原因**

员工在借助管钳振动注水井压力表考克上的手轮时倒地，压力表考克脱扣飞出扫中其脸部造成伤害，冠心病发作导致心肌梗死死亡。

间接原因

（1）员工健康管理不到位，未及时根据员工身体状况合理调整岗位。

（2）设备设施完整性管理不到位，未辨识出压力表考克和短节连接处严重锈蚀，完整性、可靠性存在风险。

（3）操作规程缺失，未制订专门的录取压力操作规程。

案例警示

（1）加强员工健康管理，根据员工身体状况合理调整岗位。

（2）加强设备设施完整性管理，及时发现存在风险。

（3）完善岗位操作规程。

四、工程建设

1. 20051203 电气线路施工物体打击事故

2005 年 12 月 3 日，某石油管理局油建公司电气仪表安装公司，在气田集输工程 10kV 线路施工时，发生一起物体打击事故，造成 1 人死亡。

事故经过

2005 年 12 月 3 日 15：15，某石油管理局油建公司电气仪表安装公司、某建筑有限责任公司共同进行气田内部集输工程 10kV 线路施工。电气仪表安装公司员工 A 某、某建筑有限责任公司员工 B 某在 34 号电杆横担处紧完 34 号电杆至 38 号电杆耐张段导线时，34 号电杆距根部 1.8m 处突然断裂，2 人随电杆一同摔落，倒下的电杆横担砸到 A 某，当场死亡（图 1-38）。

图 1-38 事故示意图

直接原因

电杆上正在作业的 A 某和 B 某由于电杆断裂，摔落到地面，断裂的电杆砸到 A 某，导致其死亡。

间接原因

（1）拉线棒挂钩的封口铁丝脱落，拉线棒挂钩无法承受紧线时的张力，使拉线棒挂钩被拉直，导致电杆被拉斜并折断。

（2）部分架空线路段采用目测导线弧垂，仅凭经验，精度差，造成作业段导线拉力过大，从而导致拉线棒受力增加。

（3）工序交接前的检查不到位，没有发现拉线棒挂钩封口铁丝已经脱落。

（4）电气仪表安装公司第一次施工 95mm² 的钢芯铝绞线，没有施工经验。

⚠案例警示

（1）作业前，应进行工作前安全分析，辨识拉线棒、导线等设施异常状态下的作业风险。

（2）上杆前，应逐项检查电杆的杆体、绷绳等，确认安全后，才能作业。

（3）施工方案应重点审核作业工序、工法和安全防护措施，避免出现凭经验、主观判断的现象，并严格落实各项作业要求。

（4）高处作业应按要求落实施工现场的安全管理和监督检查，及时查找事故隐患。

2. 20130122 天然气管道施工物体打击事故

2013 年 1 月 22 日，某油田建设公司安装队在某采油厂新建天然气管线施工作业时，发生了一起物体打击事故，造成 1 人死亡。

📋事故经过

2013 年 1 月 22 日，某油田建设公司安装队在某采油厂进行新建天然气管线施工作业，管线焊接主体工程已经完成，安装队到现场进行两处管线切割、打磨坡口，为下步组对焊接做准备。

3 名作业人员到焊口后，将氧气瓶和乙炔瓶摆放在距离切割点 20m 左右的位置，胶管放在了管线和管沟之间的地面上，焊工站在管线里侧，切割里侧的管壁。管壁切割 1/2 后，焊工跨过管线，站在埋地端管线的外侧，切割剩余部分管壁，部分氧气、乙炔胶管随之搭在埋地端管线上，从焊工身后绕过。

在管线被割断的瞬间，悬空管线（距地面 20cm）突然向上方弹起后砸向管沟侧壁滑落沟底，带着氧气乙炔胶管将焊工带落沟底，管线下落至管沟内时，砸中焊工头部导致死亡。事故现场示意图如图 1-39 所示。

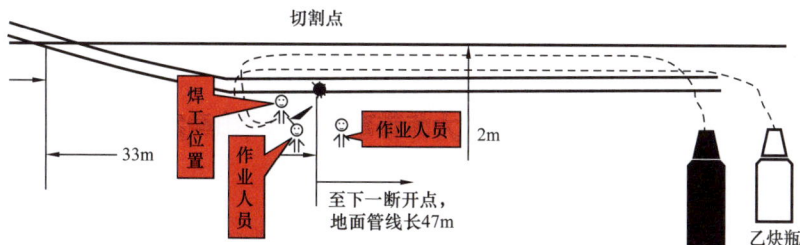

图 1-39 事故现场示意图

💡直接原因

割断的（168mm）管线在应力作用下发生强力反弹，搭在管线上的氧气和乙炔胶管瞬间将焊工带入管沟，后下落的管线砸中头部，致其死亡（图 1-40）。

图 1-40　事故现场

💡 间接原因

（1）施工工序安排不当，造成管线断口处产生巨大应力变形。该管线部分管段已下沟并填埋，部分管段搭在沟沿上，形成杠杆支点，导致断口处产生巨大应力反弹。

（2）作业时管线断口端头没有采取起重机械或堰木固定等措施，也没有采取防止管线滚沟的措施。

（3）焊接工具摆放错误，焊工切割管线时，将氧气和乙炔胶管搭放管线上，在管线反弹时，胶管瞬间将其缠绕后，带入管沟。

（4）监护人员监护职责未落实，监护人员未辨识出管线受应力变形、氧气乙炔胶管放置位置不合理所存在的风险，也没有及时制止焊工的不安全行为。

⚠️ 案例警示

（1）作业前，应进行工作前安全分析，辨识管线施工工序、应力变形、施工工器具摆放等存在的风险。在施工组织设计阶段，进行详细的论证，规避作业风险。

（2）下管作业时，应利用起重机械或堰木固定管线，采取防止管道滚沟的措施。

（3）进行管线切割等存在应力释放风险的作业时，必须开展风险辨识，采取有效措施消除应力。

（4）工程监督人员应检查各项安全措施的落实情况和作业过程中发现的各种风险，及时制止作业人员的不安全行为。

3. 20130920 管线打压作业物体打击事故

2013 年 9 月 20 日，某钻探工程公司下属油建公司承建的管道项目在进行排水、打压作业过程中发生一起物体打击事故，造成 1 人死亡，1 人重伤，2 人轻伤。

📈 事故经过

某钻探工程公司下属油建公司承建的管道试压段，长 6.8km，最低点与最高点高差约 145m。2013 年 7 月 12 日管道进行严密性试压合格。9 月 18 日，相邻段管道安装结束，该管段开始排水。采用空压机从高点向低点处打压注气。

9月20日18：00，管内压力达到11MPa，低点处阀门出现渗漏，现场试压负责人带领2人下管沟检修阀门，1人在试压坑边监护。18：07，泄漏处封头突然崩出，管内高压水气流将4人冲出15～40m远，造成1人死亡，3人受伤（图1-41）。

图 1-41　事故现场

直接原因

管线排水作业时，试压头的封头崩出，管内高压水流击伤作业人员。

间接原因

（1）该管段完成试压后，未及时进行全面排水，致使空气进入该管段内。

（2）该管段线路起伏频繁，高差较大，达145m，排水时气体在高点聚集，清管器通过高点后，气体受到压缩，并在低点（封头处）爆破，产生强大的弥合水击效应，出现瞬时高压，超过试压头封头焊缝承载极限，导致封头崩出。

（3）封头环焊缝有局部焊接缺陷，虽然能承受设计试压压力，但不能承受瞬间高压。

案例警示

（1）作业前，应进行工作前安全分析，辨识每一个操作步骤存在的风险。

（2）风险辨识要全面，考虑特殊作业环境、地理条件、气候、季节等产生的作业风险；考虑试压段管线试压后未及时进行全面排水存在的风险、试压接近管道设计值时存在的风险等。

（3）针对线路管道走向、地貌、高差、水源等实际情况，分别制订不同试压段作业方案。

（4）排水和试压作业同时在同一区域进行，在现场手机信号较弱情况下，应建立打压、排水作业有效沟通渠道。

4. 20171016 管道试压物体打击事故

2017 年 10 月 16 日 13：10 左右，某油田地面建设承包商在某集气站天然气处理系统改造工程进行管道试压时，发生物体打击事故，造成 2 人死亡，1 人重伤。

📈 **事故经过**

2017 年 10 月 9 日，某气田改造工程工艺安装工程施工接近尾声，施工方编制了管道吹扫、试压方案，开始试压准备工作。

10 月 12 日，监理公司在采气厂组织的项目协调会上汇报时，明确某气田改造工程将于下周进行管道试压，项目部未提出反对意见。

10 月 15 日，现场监理 A 某签批了吹扫、试压、方案报审表，并代表总监签署同意。

10 月 16 日 8：40 左右，施工方 6 人到达现场（其中 5 人乘坐红色小型面包车，另外一人驾驶皮卡车），焊接打压接头。

9：20 左右，施工方负责人 B 某和 C 某乘坐现代 SUV 到达现场。

10：40 左右，由 C 某联系的制氮车、增压车及 4 名操作人员到达现场，随后项目部 D 某乘坐小型货车到达现场，施工方 B 某向 D 某和操作工交代管线试压工作要求："连续打压至 7.3MPa 后停机；打压至 4MPa 时通知我们一声，我们要对试压管线进行检漏"。

11：20 左右，由 E 某操作制氮车，F 某操作增压车，开始对管道进行注气。

12：20 注气压力升至 4MPa，F 某通知 E 某等四人进行检漏，现场无泄漏，继续升压。12：50 左右，项目部 G 某在增压机驾驶室用餐，F 某、H 某在操作室观察试压，E 某在空压机操作室用餐。项目部 D 某和施工方 B 某坐在停放在现场内的白色小型货车内，施工方 I 某等 4 人坐在停放在现场内的红色小型面包车内，其他人员在作业现场外休息。

13：10 左右，当压力升高至 7.0MPa 时，现场突然发生巨响，新建 D406 分离器进口管线封头盲板飞出，在反作用力作用下管线后退且上弹，从管沟内（管沟深度 1.5～1.6m，宽 1.4m，长 25m）崩出，打断消防水管线，打弯排污管线后向后翻转 180°，并逆时针方向旋转。喷出的高压气流冲击红色小型面包车，使其前移 1.5m，管线向白色小型货车方向横扫，撞击在车辆距地面 1.0～1.3m 处，将车辆撞击出 10.5m 外，随后又击毁现场东侧一座分离器基础。管线最终卡在增压车前轮下。事故造成 D 某、B 某被困在白色小型货车内，I 某被困在红色小型面包车内。

事故造成 2 人死亡，1 人重伤（图 1–42）。

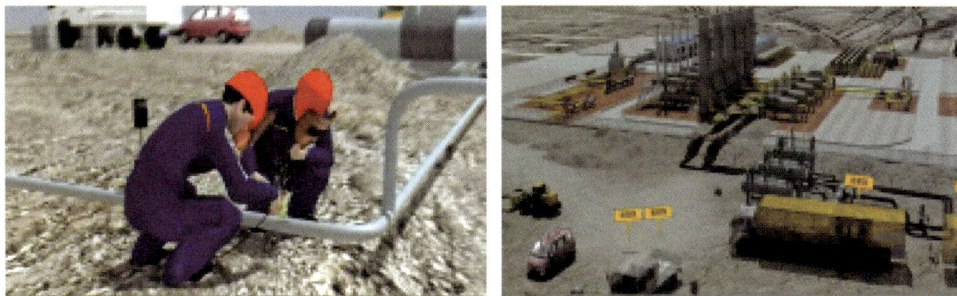

图 1-42 事故现场模拟

直接原因

试压时，分离器高压进口管道盲板飞出，管道在管内高压氮气的反作用力下从管沟崩出后，横向扫动击中现场车辆，导致事故发生。

间接原因

（1）盲板焊接质量缺陷。管道试压端采用将平面盲板直接嵌入管内，在外端以角焊方式与管道内壁焊接，焊缝存在 120mm 未熔合的缺陷，且使用板材的材质和厚度缺乏计算和论证。无论在强度上还是在焊接质量上，均无法满足该压力等级的承压要求，致使升压后盲板焊口断开飞出（图 1-43）。

图 1-43 事故现场模拟

（2）试压时管道未固定。未按强制性标准条文的要求，在试压前将管道回填掩埋，导致盲板焊口开裂后，管道在气流的反作用力下从管沟崩出，横向扫动伤人。

（3）现场防范措施缺失。管道试压时未对现场人员进行有效的风险提示，警示标识设置不规范，未采取有效防止车辆和人员在作业区停留的措施，导致人员伤亡。

（4）试压介质与设计不符。试压介质由洁净水变更为氮气，未采取相应措施。

案例警示

（1）重点项目必须设立项目管理机构，确保人员配置到位、履职到位。严格设计审查、施工图审查、承包商准入和施工作业前安全准入审查，特别要核实现场的管理人员及施工人员身份是否符合投标文件要求。

（2）施工作业过程中要进行动态风险辨识并落实管控措施，项目管理必须实行风险分级防控，必须严格执行作业许可制度管理，安全监督部门要对业务风险管控情况进行监督。

（3）监理单位配备满足工程实际需求、具有专业资质的监理工程师，制订切实可行的监理规划及监理细则，根据进度及风险情况，主动做好日常监督，建设单位对监理履职情况进行监督。

5. 20191206 电杆倾倒物体打击事故

2019 年 12 月 6 日，某建设有限公司电气分公司在进行 6kV 出线改造工程施工时，发生一起因电杆意外倾倒致 1 人受轻伤的物体打击事故。

事故经过

2019 年 12 月 6 日，按照施工生产任务计划安排，由电气分公司机组长 A 某带队完成改造工程出口电杆拆除施工任务，由于施工场地受限，吊车无法进入现场，采取人工方法进行旧电杆拆除。中午 12：30 人员到达现场，A 某主持召开了班前会，进行安全交底，部署任务分工。A 某负责现场指挥，B 某负责在施工区域北侧监护，C 某协助 B 某在施工区域南侧进行监护，D 某、E 某负责拆除作业。

中午 12：45 开始施工作业，按照方案首先将杆头的连接横担切断，在杆头绑上牵引绳，之后用大锤将电杆倾倒方向根部的混凝土砸开，然后使用牵引绳由北到南逐一将电杆拽倒。下午 1：10 左右顺利将 1 号、2 号杆放倒，开始拆除 3 号电杆，绑上牵引绳并砸掉根部混凝土。

下午 1：20，在用牵引绳拽 3 号杆放倒时，杆顶横担刮碰到 4 号杆顶横担，将 4 号杆带倒。此时，在南侧协助监护的 C 某发现 4 号杆倾倒，立刻向东南方向躲避，脚下被 5 号杆拉线绊倒，未能及时避开，左上臂被倒下的 4 号杆横担砸到。机组长 A 某发现 C 某受伤后，立即安排车辆送往医院进行救治，医院诊断为左上臂骨折（图 1-44）。

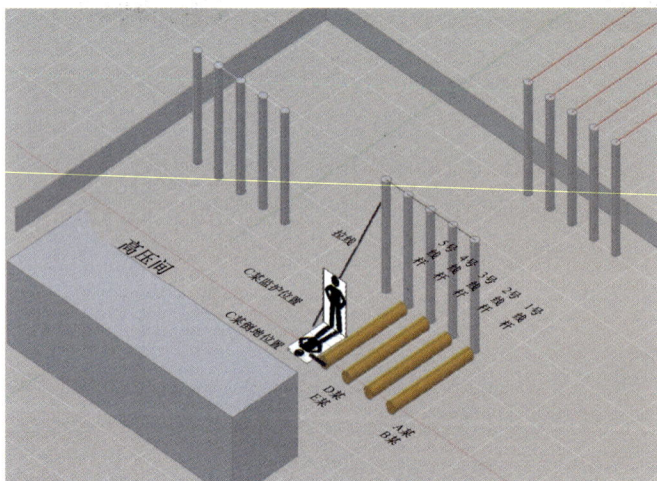

图 1-44 事故现场示意图

直接原因

监护人员 C 某风险辨识能力差，站在危险位置进行监护（站在 5 号杆拉线旁），发现 4 号杆倾倒躲避时，脚下被拉线绊倒未能及时避开，左臂被杆上横担砸到。

间接原因

（1）作业人员在拆除 3 号杆时，违章操作提前将 4 号杆根部混凝土砸开，导致 4 号杆根基不牢。

（2）杆上横担断开后未保留足够的安全间隙，造成 3 号杆倾倒时两杆上横担刮碰到一起，将 4 号杆带倒。

案例警示

（1）工程施工方案存在缺陷。横担拆除方式不合理，未明确断开后距离要求，也未明确电杆拆除工序、相关要求及防范措施（图 1-45）。

图 1-45　事故现场照片

（2）施工现场安全管理不到位。未对危险区域进行有效隔离，现场施工通道不畅通，未能及时发现监护人员站在危险位置并给予警示。

（3）对电杆拆除风险管理重视不够。未按照工序辨识施工风险，并采取有效的防控措施，未开展有针对性的方案审查工作，未能及时发现方案存在的问题和缺陷。

6. 20200323 焊缝爆裂物体打击事故

2020 年 3 月 23 日，某建设公司施工过程中，发生管道临时挡水板焊缝爆裂，造成 2 人死亡，4 人受伤。

事故经过

2020 年 3 月 23 日 9：10，某建设公司在某油田天然气处理总厂集配气总站围墙外直线距离 61m 的施工点处，发生管道临时挡水板焊缝爆裂，挡水板及压缩空气冲出的物体打击事故，造成 2 人死亡，4 人受伤。

☀ 直接原因

管段临时挡水板在内部高压气体的作用下爆裂，临时挡水板和压缩空气气流高速飞出，击中现场作业人员。

☀ 间接原因

（1）施工单位试压风险辨识不到位，未履行阀门使用前检验或试验要求，未落实试压作业申请、变更审批管理要求，在监理不到位情况下实施试压，未认真检查发现阀泄漏，试压作业现场交叉作业，清场警戒不到位。

（2）建设单位未切实履行属地职责，安全监管不到位，试压施工组织管理不到位，在专项试压方案未审批、单项试压方案未编制情况下安排试压作业活动，未及时组织交叉作业承包商签订安全协议，监管措施落实不到位。

（3）监理单位未认真履行监理职责，现场安全监督不力，旁站监理不到位，现场安全检查确认责任未落实，升级管理不到位。

⚠ 案例警示

（1）施工过程中，加强风险辨识，高风险作业切实落实作业申请、审批管理要求。
（2）施工相关方切实履行各自职责，强化现场安全监管。

五、其他行业

20040618 登杆作业物体打击事故

2004年6月18日，某油田电力集团线路队巡线班在执行6kV线路施工过程中，发生一起物体打击事故，造成1人死亡。

☑ 事故经过

2004年6月18日，巡线班进行6kV线路施工过程中检修及电杆导线拆除，由副队长A某监护，B某拆除5号线杆导线，这时他人正在拆除7号与8号杆导线，A某发现该5号杆纵向有裂纹，听见杆上有响声，看到杆顶的横担扭动，便让B某先别动，跑去查看7号和8号杆的导线是不是已经被剪断。此时，5号杆断裂成三段，线杆压在B某胸部，经抢救无效死亡（图1-46）。

☀ 直接原因

线杆断裂、倒杆是导致此起亡人事故的直接原因。

☀ 间接原因

（1）B某在登杆前没有对杆体进行检查，未发现杆体有纵向裂纹。
（2）副队长A某没有尽到监护人职责，当发现杆体有裂纹，听到响声后没有及时让B某马上撤离杆塔。

（3）7号、8号杆采用了突然剪断的方式拆除导线，违反了 GB 26859—2011《电业安全工作规程 电力线路部分》9.6.6 款"不应采用突然剪断导（地）线的方法松线"的要求。

⚠案例警示

根据 GB 26859—2011《电业安全工作规程 电力线路部分》：

（1）攀登杆塔前，应检查杆根、基础和拉线牢固，检查脚扣、安全带、脚钉、爬梯等登高工具、设施完成牢固。

（2）紧线、撤线前，应检查拉线、桩锚及塔杆位置正确、牢固。

（3）不应采用突然剪断导（地）线的方法松线。

（4）加强 GB 26859—2011《电业安全工作规程 电力线路部分》的培训，使每一个操作员工熟练掌握规程，严格按规程操作。

图 1-46 事故现场

机械伤害，指机械设备运动（静止）部件、工具、加工件直接与人体接触引起的夹击、碰撞、剪切、卷入、绞、碾、割、刺等伤害。各类转动机械的外露传动部分（如齿轮、轴、履带等）和往复运动部分都有可能对人体造成机械伤害。

本部分共收集机械伤害典型案例 22 起，其中钻井工程 5 起、井下作业 6 起、采油作业 5 起、基建工程 4 起、其他行业 2 起。事故大多发生在作业人员配合操作过程中，主要原因一是人的不安全行为，包括违章操作、操作失误、误入危险区域等；二是机械旋转、往复运动、摇摆部位，以及一些控制点、操纵点、检查点、取样点、送料过程等；三是机械设备本质安全不足；四是作业现场环境不良，作业区域管理不到位、检查不到位、劳动防护不到位。事故共导致 21 人死亡，7 人不同程度受伤。

为了防范事故发生，企业应进一步加强员工安全意识、操作技能的教育培训，扎实开展设备设施完整性检查，确保安全可靠。

一、钻井工程

1. 20060324 井队搬迁机械伤害事故

2006 年 3 月 24 日，某油田钻井队，在完井拆卸电缆槽过程中，发生一起机械伤害事故，造成 1 人死亡。

事故经过

2006 年 3 月 24 日，钻井队拆放井架及设备。

钻井队队长指挥两名钻工和一名电气助理工程师拆卸配电房到钻台的电缆槽，先砸开地面上连接第三、四节电缆槽的第一个销子，然后砸取第二个销子，大班司机长 A 某靠近电缆槽看砸销子。

当砸开第二个销子时，由于上部两节电缆槽的自重及整劲，第三节电缆槽向钻台方向突然后移 0.8m，上部电缆槽下移约 1m，A 某身体失去重心，倒入电缆槽内，被压在第二节电缆槽和第三节电缆槽折合部，经抢救无效死亡（图 2-1）。

图 2-1　事故示意图

直接原因

爬坡电缆槽与其相连的地面电缆槽合在一起，将 A 某夹在两节电缆槽之间，挤压致伤，造成死亡。

间接原因

（1）指挥失误。

钻井队队长没有事前组织危险识别和评估，在电缆槽连接受力的情况下，没有按正确程序指挥电缆槽拆卸，造成地面电缆槽瞬间向井口方向滑动。

（2）安全意识不强。

A 某本人安全意识不强，擅自进入危险区域且靠近危险设备，附近的作业人员没有意识到危险，没有及时制止。

案例警示

（1）电缆槽连接受力的情况下，应采用吊车吊住上层电缆槽，按照从上往下的程序逐层拆卸电缆槽，不能直接砸销子。

（2）井架起放等关键拆卸过程，相关管理部门人员应到现场组织。

（3）编制电缆槽安全拆卸操作规程，并组织相关人员进行培训。

（4）作业前，进行工作前安全分析，辨识每一个操作步骤存在的风险。

（5）落实监督职责，及时制止作业人员违规作业。

2. 20080425 钻井作业机械伤害事故

2008年4月15日，某公司钻井队在进行下油层套管作业时，发生一起机械伤害事故，造成1人受伤。

事故经过

2008年4月15日，某钻井队正在进行下油层套管作业。至下午17:40左右，套管已下至裸眼段，还余50根套管未下入井内。A某刚吃完晚饭，在场地负责挂绳套。在作业时A某见小绞车上提套管即将碰坡道上的小挡台，就站在平坡道左侧中间位置，用手向左拉吊起的套管，想使套管内螺纹离开小挡台防碰（图2-2）。

图2-2　事故现场一

当其用力时，套管尾部外螺纹端在平坡上向左侧滑动，落入管架与平坡道之间间隙内。A某躲闪不及，其左腿被挤在滑动的套管与管架上的套管间，使其左小腿骨折（图2-3）。

图2-3　事故现场二

A 某违章操作，套管上坡道过程中，扶正套管时，未站在另一侧远距离用牵引绳扶管套上坡道，没有站在安全区域（管具上下钻台，猫道正前方或大门坡道两侧严禁站人）。

⚡间接原因

（1）作业不规范，套管在平坡道上没有摆在合适位置，致使在起吊过程中碰坡道的小挡台。

（2）操作小绞车人员操作不平稳，致使套管碰到小挡台，且和场地人员没有配合好。

（3）安全教育没有落到实处，员工自我防护意识差。

⚠案例警示

（1）风险识别不足，没有针对识别到的风险采取相应的安全防范设施。

（2）对作业现场安全要求不细致，未安排专人指挥小绞车进行操作。

（3）规章制度执行力度不够，警示标志流于形式，没有起到警示作用。

3. 20101018 维修闸板防喷器机械伤害事故

2010 年 10 月 18 日，某公司钻井队维修闸板防喷器时，发生一起机械伤害事故，造成 1 人受伤。

📤事故经过

2010 年 10 月 18 日下午，某公司维修闸板防喷器，职工 A 某和 B 某两名员工将防喷器侧门关闭，由 B 某操作气动扳手紧固防喷器侧门上的 8 条螺栓，A 某配合，螺栓紧固后，往下提气动扳手，B 某提气动扳手手柄的一端，A 某提气动扳手扭力杆，左手在上，右手在下，左手五指呈半握状态，在下放地面过程中 B 某右手虎口处碰到了气动开关，气动扳手扭力杆旋转造成 A 某左手拇指指间关节挤伤（图 2-4）。

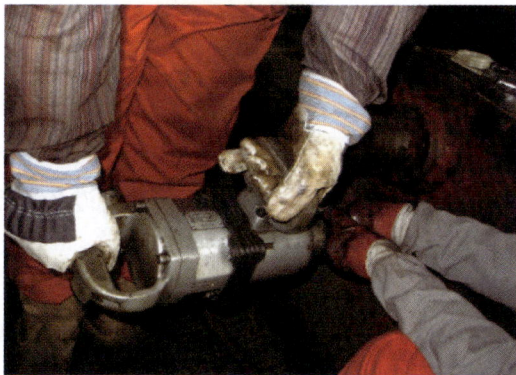

图 2-4　事故示意

直接原因

（1）操作者违反操作规程、抬动气动扳手时将手放在其旋转部位，将手打伤。

（2）两人配合不当，在抬动时另一名操作人员将手放在启动开关处，触动开关引发事故。

间接原因

（1）风险识别不够到位。该项工具已使用近一年之久，所存在风险一直没有识别出来。

（2）气动扳手重量过大，员工操作需两人配合使用，且手柄开关设计不合理，直接在使用操作部位。

（3）员工安全意识不强。操作人员在使用时未意识到所存在的安全隐患，长时间使用没有发生过事故，思想麻痹，造成违章。

案例警示

（1）车间风险评估不到位，岗位工作中留有隐患。

（2）对员工安全培训教育不够到位，员工安全意识不强。

（3）专用工具使用未制订安全操作规程，存在违规行为。

（4）员工劳动强度过大，气动扳手较重。

4. 20120405 旋转部位机械伤害事故

2012年4月5日22：50，某测井队在某井执行测井任务时，发生一起机械伤害事故，造成1人受伤。

事故经过

2012年4月5日22：50，某测井队在某井执行测井任务。下测到井底 5920m 处开始上测，井口坐岗工 A 某发现电缆表面钻井液未刮干净，就走到地滑轮前用棉纱擦拭电缆，大约 10s 后，双手被运动的电缆带进地滑轮，造成 A 某双手挤压伤。

直接原因

作业人员在擦拭运动电缆时被地滑轮夹伤。

间接原因

（1）人的因素：作业人员用棉纱擦拭运动电缆；动力设备操作人员未及时制止协同作业人员用棉纱擦拭运动电缆的违章行为。

（2）物的因素：旋转部位没有安装防护装置。

（3）管理因素：工作安全分析不到位，作业风险识别不全；作业规程和常见风险辨识的培训不到位；运动部位未设置安全警示标识。

案例警示

（1）旋转部位必须设置安全防护装置，提升设备本质安全（图2-5）。

（2）设置警戒标志或防护栏，避免人体直接接触旋转部位。

事故前的地滑轮　　　　　　　加装护罩和防挤压安全装置

图2-5　地滑轮改装

（3）作业前应组织开展工作安全分析，不得手抓运动电缆。

（4）加强培训工作，让员工掌握旋转部位的风险及处置措施。

5. 20180501 起钻作业机械伤害事故

2018年5月1日，某公司钻井队在进行起钻作业时，发生一起机械伤害事故，造成1人死亡。

事故经过

2018年5月1日18:16，某公司钻井队进行起钻作业，井架工A某在二层台配合作业时，触碰气动绞车操作手柄，造成绞车转动，其穿戴的安全带尾绳缠绕在绞车卷筒上，A某被安全带拉扯，摔倒在气动绞车上，不断收紧的安全带将其勒紧，导致窒息死亡（图2-6）。

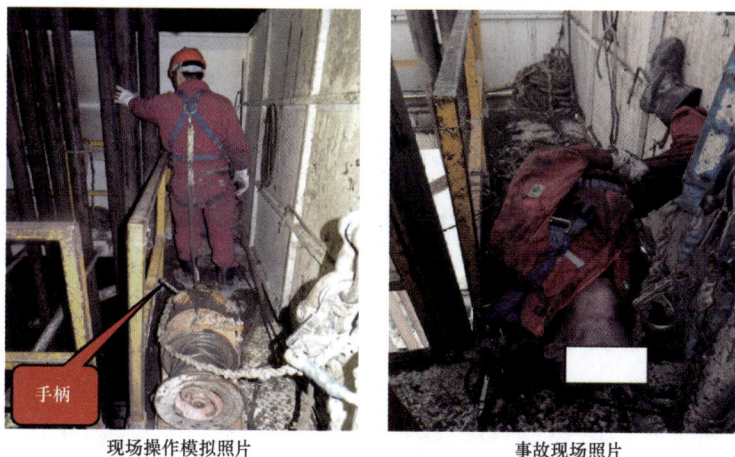

现场操作模拟照片　　　　　　　事故现场照片

图2-6　事故现场

🔆 直接原因

井架工 A 某穿戴的安全带尾绳缠绕在转动的气动绞车卷筒上，被不断收紧的安全带勒紧，导致窒息死亡。

🔆 间接原因

（1）设备存在缺陷。气动绞车卷筒无防护措施，操作手柄无防碰、自动回位装置，二层台指梁设置与厂家设计图纸不符（厂家设计 9 根，现场实际只有 2 根）。

（2）安全带锚固点设计不合理。不符合安全带高挂低用的使用要求，因安全绳拖地使用，在井架工通过气动绞车时，安全带尾绳挂碰气动绞车的操作手柄造成绞车启动，导致安全带尾绳缠绕在绞车卷筒上。

（3）设备安装位置不合理。气动绞车安装位置处于人员操作活动区域，给作业人员操作带来不便，增加了安全带尾绳被缠进气动绞车的风险。

（4）现场存在违章操作。井队二层平台气动绞车使用操作规程中规定，气动绞车仅在起下钻铤时使用。作业人员在无监护和没有人员配合情况下，违规在起下钻杆时使用气动绞车、违规使用气动绞车摆放立柱。

（5）作业现场监管不力。作业人员违规使用气动绞车时，未被及时制止。

（6）二层钻台面杂物较多，安全通道不通畅。

⚠️ 案例警示

（1）规范安全防护用品的使用，杜绝安全带低挂高用等违规使用的现象。

（2）提高设备设施的本质安全，消除绞车卷筒裸露、操作手柄无防碰和回位装置等隐患。

（3）加强作业现场管理，合理安装、摆放设备设施和工器具，确保人员操作区域和安全通道的畅通。

（4）强化作业现场监管，及时制止、纠正违章行为。

二、井下作业

1. 0218 维修液压钳施工机械伤害事故

某年 2 月 18 日，某作业大队维修队维修班在维修液压钳时，发生一起机械伤害事故，造成 1 人受伤。

📝 事故经过

某年 2 月 18 日上午，某作业大队维修队维修班班长 A 某带领本班职工 B 某、C 某、D 某进行液压钳维修。8：40 左右，当班人员 B 某、C 某、D 某 3 人正在拆卸一台损坏的液压钳，郑某单独操作调试另一台 600 型液压钳转动方向时，发生事故，致使 A 某左手拇指、食指、中指和无名指挤伤（图 2-7、图 2-8）。

图 2-7　事故现场一

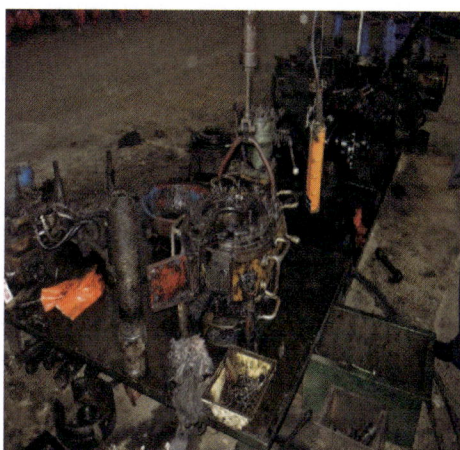

图 2-8　事故现场二

直接原因

A 某在操作液压钳过程中，安全意识差，精力不集中，将手放在液压钳转动部位上，操作动作错误，是造成事故的直接原因。

间接原因

（1）液压钳维修时，操作台偏低，操作人员站立位置脚下有 2 个工具箱和液压管线，操作不方便。维修过程中没有落实必要的安全措施，对工作人员没有有效的监督。

（2）该单位没有落实好安全承包制度，对违章隐患处罚不严，安全考核滞后，使事故隐患得不到及时整改。

⚠️ **案例警示**

（1）维修液压钳时，要将液压钳防挤手装置置于锁紧状态（图2-9）。

（2）加强员工液压钳安全操作规程教育培训，严格按操作规程操作。

（3）加强施工作业安全监督检查，及时提醒、制止违章作业。

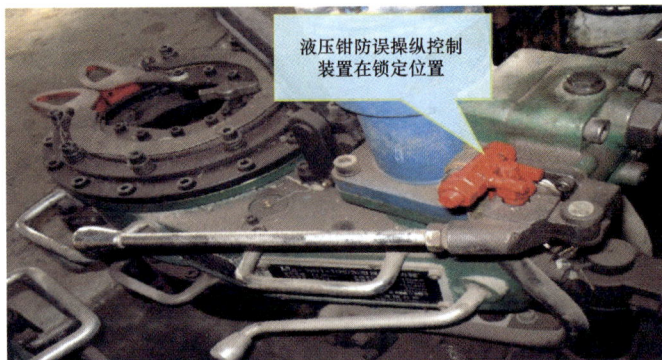

图2-9　液压钳防挤手装置

2. 20040721 清洗抽油机机械伤害事故

2004年7月21日，某石油管理局修井队在进行检泵作业后清洗抽油机时，发生一起机械伤害事故，造成1人死亡。

📝 **事故经过**

2004年7月21日，修井队完成某井检泵作业任务后，当班工人对抽油机支架进行清洗。班长A某（外雇工）在没有停止抽油机工作的情况下，直接从抽油机爬梯往上爬，当爬到中途时，抽油机的驴头正好运行到下死点，A某被挤在抽油机驴头和爬梯之间，经抢救无效死亡。

💡 **直接原因**

A某没有停止就上抽油机进行清理工作，驴头运行到下死点，将A某挤死在驴头和爬梯之间，是事故的直接原因。

💡 **间接原因**

（1）修井队对修井收尾工作现场安全管理混乱，劳动组织不合理，安全措施不落实，现场施工监护与监督检查不到位。

（2）未按照井下作业操作规程进行操作，在未停机状态下进行操作。

（3）对员工进行 HSE 安全培训不到位。

⚠️ **案例警示**

（1）作业过程中，严格执行"两书一表"等相关操作规定，严禁违规操作。

（2）做好现场的安全警示标识和安全提示。

（3）作业前，进行工作前安全分析，辨识出每一个操作步骤存在的风险。

（4）加强作业现场的监督管理，明确监督内容，落实监督职责。

（5）加强对员工（尤其是外雇员工和承包商员工）的 HSE 培训，提高其安全意识。

3. 20090324 修井作业机械伤害事故

2009 年 3 月 24 日，某大修队在某井进行甩油管作业时，发生一起机械伤害事故，造成 1 人受伤。

📋 事故经过

2009 年 3 月 24 日，某大修队副队长 A 某带领二班在某井进行甩油管作业。凌晨 4：10 左右，甩油管至 102 根时，由于液压钳钳牙磨损严重打滑，小班司机 B 某准备更换钳牙，在没有关手动锁紧装置和司钻没有关液压阀的情况下，用手去推液压钳准备拿钳牙座，由于液压钳工作手柄碰到指重表外壳，液压钳转动，致使 B 某左手拇指、食指、中指和手掌被液压钳挤伤。

💡 直接原因

B 某在更换液压钳钳牙过程中，没有切断液压源，在司钻没有关闭液压阀和没有关手动锁紧装置的情况下更换钳牙，在推动液压钳时操作手柄碰到井架，造成液压钳转动，是事故发生的直接原因（图 2-10）。

图 2-10　事故现场

💡 间接原因

（1）液压钳安装位置不合适，在推拉钳头过程中，操作手柄碰到指重表外壳和井架，引起转动，同时安装位置偏高，操作不方便（图 2-11、图 2-12）。

图 2-11　液压钳安装位置一

图 2-12　液压钳安装位置二

（2）带班干部对现场存在的隐患没有及时整改，对违章行为没有及时制止，监督不到位，B 某更换液压钳钳牙过程中精力不集中（图 2-13）。

（3）该单位对职工的标准化操作，业务技能、安全知识等培训不够。

⚠️ **案例警示**

（1）更换钳牙或现场维修时，要先切断液压源。

（2）树立正确的安全意识，改变老的、习惯性错误做法，杜绝习惯性违章（图 2-14）。

图 2-13　安全监督

图 2-14　维修前切断液压源

4. 20140515 修井作业机械伤害事故

2014 年 5 月 15 日，某油田公司作业队在某井检泵作业过程中，发生一起机械伤害事故，造成 1 人死亡。

📖 **事故经过**

2014 年 5 月 15 日，作业队完成检泵冲砂的作业任务，继续起出井内剩余 28 根冲砂油管。8：30，4 名员工正做施工前准备工作，一岗员工在核对油管数量，三岗场地工在场地摆油管，操作手在操作室内检查仪表及刹车，二岗员工 A 某检查液压钳，并操作小绞车液压调整杆调液压钳高度。此时三人听到 A 某的叫喊声，发现 A 某左胳膊小臂被钢丝绳斜向上缠绕在小绞车上，面部朝上，头部卡在绞盘边缘，颈部紧贴绞盘齿轮，双腿搭在抽油机水泥基础上，口吐白沫，经抢救无效死亡。

💡直接原因

A 某操作小绞车液压调整杆时，因小绞车和井架挡住观察液压钳的视线，一边操作液压杆，一边登高观察井口液压钳高度，身体倾斜、重心失衡，左臂搭在小绞车绞盘上，被小绞车上的钢丝绳缠绕带动翻转后，头部在小绞车液盘和井架间受到撞击和挤压，导致死亡（图 2-15）。

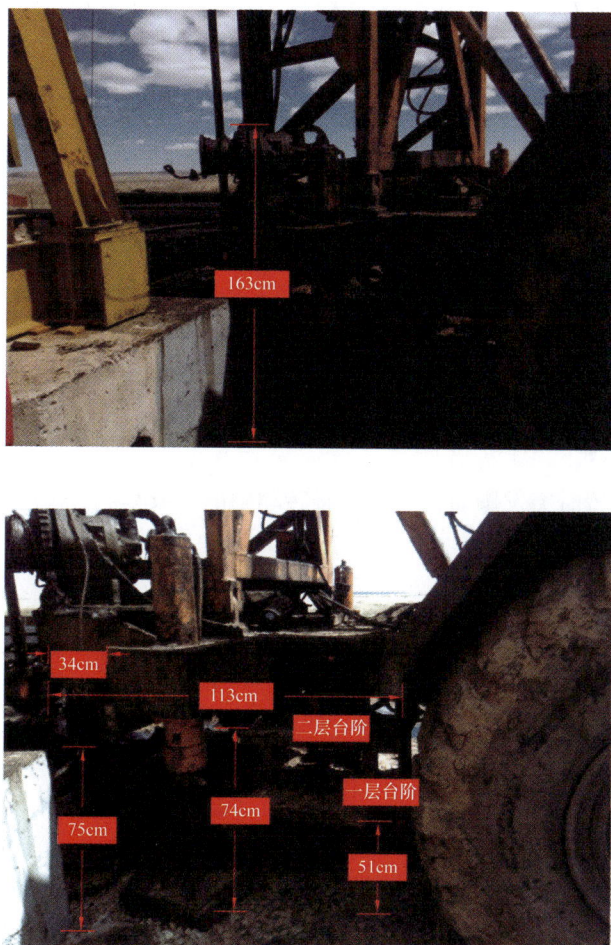

图 2-15　事故现场

💡间接原因

（1）作业人员冒险作业，观察液压钳位置时，左小臂不慎触碰转动中的小绞车。

（2）小绞车升降操作手柄无自动停车功能，在紧急状态下不能起到保护作用，需人工手动恢复才能停止升降。

（3）小绞车设计位置不合理，与液压钳和井口形成盲区，挡住了手柄操作者观察液压钳升降的视线。

（4）小绞盘转动部位无护罩，人体接触后容易被卷入，引发事故。

⚠️案例警示

（1）作业前，要进行工作前安全分析，识别出每个操作步骤的风险及防控措施。

（2）设备缺陷要及时整改，如小绞车升降操作手柄无自动停车功能、位置设计不合理，与液压钳和井口形成盲区阻挡手柄操作者视线、小绞盘转动部位无护罩等。

（3）将小绞车操作要求、小绞车操作液压钳升降操作等内容补充到操作规程中。

（4）要定期对所有在役设备开展专项检查，立即停用所有存在安全隐患且无法立即整改完成的设备，返厂修理。

5. 20140515 修井作业机械伤害事故

2014 年 5 月 15 日，某油田作业队修井作业时，发生一起机械伤害事故，造成 1 人死亡。

📋事故经过

2014 年 5 月 15 日，某油田作业队在某井检泵作业过程中，作业工在观察大钳位置时突发癫痫，倒在小绞车绞盘上，被绞盘绞死。

💡直接原因

观察液压钳位置时突发癫痫，左臂触碰转动中的小绞车。

💡间接原因

（1）小绞车升降操作手柄无自动停车功能。

（2）小绞车设计位置不合理，阻挡观察液压钳升降的视线。

（3）小绞盘转动部位无护罩。

⚠️案例警示

（1）全员深刻反思，汲取事故教训。

（2）进一步强化员工技能训练和 HSE 培训。

（3）对所有在役设备开展一次专项排查。

6. 20180311 修井作业机械伤害事故

2018 年 3 月 11 日 14：02，某油田公司承包商在进行修井后挂抽操作时，发生抽油机机械伤害事故，造成 1 人死亡。

事故经过

3月3日，某承包商小修队对某井进行检泵作业。3月6日，完井启抽生产后计量不出。3月8日，作业区要求进行整改。3月11日12：30，该公司小修队班长A某、班员B某、C某3人完成整改后准备启动抽油机进行挂抽作业。挂抽过程中，A某发现抽油机皮带打滑，B某爬上抽油机三角支架，准备用蹬踩皮带增加皮带张紧力的方式强行带动抽油机运转；因抽油机后驴头负荷过重，强行起抽失败；同时抽油机曲柄轴孔键槽根部存在裂纹缺陷，后驴头在失控下行的惯性作用下将抽油机两侧曲柄拉断，导致后驴头继续翻转下行，将员工B某挤在抽油机三角支架之间，致使B某死亡。

直接原因

抽油机后驴头失控翻转，造成人员挤压致死。

间接原因

（1）升级管控要求执行不严格。该起事故发生在周末和两会召开的关键敏感时期，公司执行落实"四条红线"关于节假日、特殊敏感时期施工作业升级管理督促检查不严格、抓落实不够，对承包商作业缺乏现场管控，没有安排人员对现场作业进行监督检查，违反了"四条红线"管控要求，最后导致事故的发生。

（2）风险识别和控制不到位。抽油机修井后挂抽是一项常规作业，在作业区操作规程和管控红线中都有明确要求。但作业区对承包商违反操作规程，采用抽油机动力强行挂抽的行为没有及时发现和制止，对承包商作业的风险辨识和控制严重缺失，存在较大管理漏洞和作业风险，安全管理部分环节监管不到位。

（3）培训监督管理不到位。通过现场调查发现承包商对员工的HSE培训、考核流于形式，对操作规程、作业风险、"四条红线"要求及油田管控红线要求培训严重缺失，对这些问题作业区没有及时发现，最后造成承包商员工违章行为发生。

（4）公司层面监管不力。公司对作业区在升级管理、"四条红线"要求及长期存在的违章行为、失职行为缺乏有效监督管理。多次检查、审核已经发行作业区安全管理存在漏洞短板，但对检查发现的苗头性问题没有深挖细查，没有全面评估作业区在安全管理上存在的系统性问题。

（5）公司层面对承包商的安全监督管理严重缺位，对承包商管理职责分工、制度建设、机构设置、人员配置、能岗匹配上也存在管控措施不力、人员能力不足、考核不严等问题。

案例警示

（1）对现场所有井下作业队伍资质、人员持证、履职能力和设备完整性等展开系统排查，验收合格再开工。

（2）强化识别评估风险，制订有针对性的防控措施，强化关键环节的风险管控。

（3）加大属地监督力度，对重点风险、关键环节作业开展全方位监督，确保管控到位。

（4）加强对承包商管理的能力建设，强化承包商管理人员配置，有效促进管理人员能力提升，完善承包商管理考核制度，加强安全与市场挂钩力度，强化承包商 HSE 资质的前置管理约束，加大属地承包商管理安全绩效在招投标的分数权重。

三、采油作业

1. 20020415 抽油机维修作业机械伤害事故

2002 年 4 月 15 日，某油田公司一采油队在对抽油机曲柄销子紧固过程中，发生一起物体打击事故，造成 1 人死亡。

事故经过

2002 年 4 月 15 日，维修人员紧固抽油机曲柄销子，班长检查抽油机刹车（此时抽油机是停止状态，位置是下死点），确定安全后，由两名电焊工到抽油机变速箱上面，给大花帽螺丝焊接备帽。下半部分焊完，还剩下一部分在上死点的位置，变速箱上面的两人下到安全位置后，班长松动刹车，曲柄滑行到偏后大皮带轮便于操作处刹车。

两名电焊工重新上机，刚焊了一会，曲柄突然向下旋转，维修班长紧急进行刹车，没有刹住，落下的横梁将其中一名电焊工背部挤压在横梁和变速箱顶盖之间，送往医院途中死亡（图 2-16）。

图 2-16　事故示意

直接原因

第二次焊接时抽油机曲柄被调到偏后上方，由于刹车不到位，曲柄自身的重力使曲柄突然向下旋转，使该名电焊工被挤压在横梁与减速箱之间而亡。

☀间接原因

（1）施工作业前没有对环境和作业过程进行危害因素辨识，没有想到对抽油机曲柄销实施焊接作业会存在被挤压致死的风险。

（2）定点停机前没有检查刹车是否好用。

（3）抽油机平时检查维护不到位，导致刹车不灵。

⚠案例警示

（1）加强抽油机的检查与维护，确保每一台抽油机刹车灵活好用。

（2）每一次抽油机维修作业前，要进行危害因素辨识，制订预防控制措施并予以实施。

（3）需要定点停机的作业，在作业前务必要检验刹车是否好用。

（4）在抽油机游梁上、曲柄旋转区域内的作业，刹车处要有人监护。

（5）施工前配齐配全必需的安全防护用具。

2. 20040512 井场目视化作业机械伤害事故

2004 年 5 月 12 日，某油田公司一采油队，在井场进行目视作业时，发生一起机械伤害事故，造成 1 人死亡。

☑事故经过

2004 年 5 月 12 日，某油田公司采油队员工 A 某和农工 B 某，到某井画安全线。途中 B 某到另外一口井给配电箱做防雨，当 B 某完成任务后返回时，发现 A 某被夹在抽油机平衡块下，已死亡（图 2–17）。

图 2–17　事故示意

☀直接原因

抽油机刹车丢失，员工 A 某在抽油机安全附件不全的情况下，没有按照操作规程的要求使用活动刹车，是造成事故的直接原因。

⚙️间接原因

A 某安全意识淡薄，违规操作，无刹车时不采用已配备的活动刹车，不向队里请示汇报，私自违章进入护栏内的危险区域进行单独操作。

员工的自我保护意识淡薄，在知道设备存在风险的情况下，存在侥幸心理进行蛮干，导致事故发生。

⚠️案例警示

（1）没有刹车装置的抽油机井，严禁在抽油机游梁上、曲柄旋转区域内进行任何作业。

（2）在抽油机游梁上和曲柄旋转区域内进行作业时，刹车处应设监护人。

（3）开展岗位风险辨识活动，加强员工在单独施工作业过程中的安全意识，提高员工对安全风险的识别能力和自我保护意识。

3. 20040915 抽油机检查机械伤害事故

2004 年 9 月 15 日，某油田采油厂工人在抽油机巡回检查过程中，发生一起机械伤害事故，造成 1 人死亡。

📤事故经过

2004 年 9 月 15 日 9：58，某油田采油厂小班工人 A 某在对某井抽油机巡回检查时，不慎被抽油机基础南侧井台上的庄稼绊倒，碰到正在旋转的抽油机平衡块上，平衡块将 A 某的头部和胸部击伤，在邻井加盘根的大班工人 B 某、C 某等听到一声呼叫，立即跑到该井井场，发现 A 某倒在抽油机南侧，随即将伤者送往采油厂医院，经抢救无效死亡。

⚙️直接原因

A 某安全防范意识淡薄，在巡检时不慎被抽油机基础南侧井台上的庄稼绊倒，碰到正在旋转的抽油机平衡块上，被平衡块击伤头部和胸部。

⚙️间接原因

（1）井场环境差，农民将高粱等农作物直接种植到抽油机旁边，农作物占据了采油工巡回检查的路线，井场存在安全隐患。

（2）井场周围一定范围内属于油田已征用的土地，有关部门没有按规定处理好工农关系，致使农民占用了井场面积，给井场带来安全隐患。

（3）安全管理不到位，一是井场没有巡回检查路线也无相应安全措施；二是员工教育培训不到位，安全意识比较差；三是没有制定并落实井场的管理制度。

⚠️案例警示

（1）立即开展井场规格化专项整治活动，主管部门立即与地方政府协商，组织工农、保卫、采油生产单位，对非法占用油田生产施工现场和井场的现象进行治理，及时清理井场农作物。

（2）制订巡回检查路线图，完善安全警示标识，加强员工教育培训，确保员工掌握本岗位风险防范措施。

（3）开展井场专项检查，及时整改事故隐患，严格按照 HSE 管理要求，对类似风险进行排查和治理。

4. 20130314 巡井机械伤害事故

2013 年 3 月 14 日，某油田公司员工在某井场巡井时，被曲柄带入曲柄和减速箱底座间隙处，发生一起机械伤害事故，造成 1 人死亡（图 2-18）。

图 2-18　事故现场

事故经过

2013 年 3 月 14 日早，员工 A 某与 B 某在 1 井会面巡井，B 某发现 A 某未戴安全帽，便将巡井工具交予 A 某，嘱咐 A 某到 3 井场门外等候，待其将 1 井收集的废旧物品送回板房后，且待 A 某拿安全帽归来再一起巡井。

9：58，村民发现 A 某倒在水泥基础旁，经抢救无效死亡。

直接原因

抽油机曲柄挤压 A 某的头部、胸部，造成重伤，经抢救无效死亡。

间接原因

（1）巡井工 A 违反所在公司规定，独自巡井，致使操作过程中无人员监护。

（2）巡井工 A 某在抽油机运转过程中，违反公司有关规定，借曲柄转过的间隙期（约 6s），违规探身到减速箱下底座空间，试图取出先前违规放入变速箱下的备用皮带，被曲柄带入曲柄和减速箱底座间隙处，因挤压造成重伤。

（3）该抽油机曲柄外侧缺少防护栏，且无相应风险提示或其他防护措施。

案例警示

（1）抽油机必须安装曲柄护栏。

（2）严禁在抽油机运转时，进入曲柄护栏。

（3）没有安装抽油机护栏的抽油机井，抽油机运转时，严禁进入距离抽油机曲柄 0.8m 区域内活动。

（4）严禁在抽油机底座内存放任何物品。

（5）基层单位要对本单位员工加强有关抽油机管理、操作的培训。

5. 20130414 拍摄抽油机铭牌机械伤害事故

事故经过

2013 年 4 月 14 日，某油田公司某采油作业区采油工 A 某拍摄电机铭牌照片时，被抽油机平衡箱撞击背部死亡。

事故原因

（1）A 某站在抽油机基墩上对电机进行拍照前未停止抽油机。

（2）同班作业人员 B 某没有进行监护，也未制止 A 某的行为。

案例警示

（1）开展全员事故分析，汲取事故教训。

（2）强化矩阵培训，完善员工能力评价。

（3）推广 HSE 风险管理工具，增强管控能力。

（4）严格"反违章禁令"，杜绝习惯性违章。

四、工程建设

1. 20040723 砂轮机打磨机械伤害事故

2004 年 7 月 23 日，某公司一项目组在输油管线坑内进行连头作业中，发生一起机械伤害事故，事故造成 1 人轻伤。

事故经过

2004 年 7 月 23 日，某公司一项目组在输油管线坑内进行连头作业中，根焊完成后，A 某开始填充，当盖面焊接完成后，A 某用 ϕ125 手砂轮机对焊缝进行清根，清根后发现底部焊接的接头质量不太好，于是又继续打磨，由于天气热，汗水流入眼睛，A某动作变形，瞬间改变了砂轮机打磨角度，加之用力过猛，致使砂轮机反弹伤至左眼，造成 A 某眼睑皮肤撕裂伤害事故（图 2-19）。

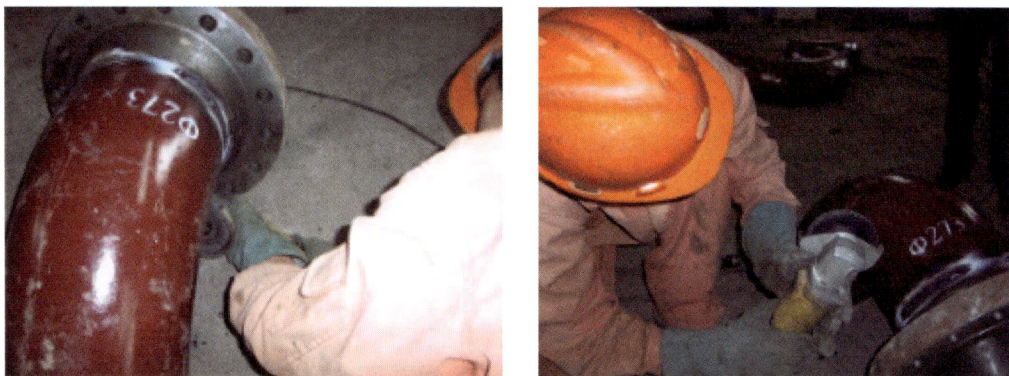

图 2-19　事故模拟

直接原因

使用手砂轮机精力不集中，打磨角度不对，用力过猛。

间接原因

（1）关于手提砂轮机的安全使用培训教育不到位，缺乏操作知识和经验。

（2）A 某安全防护不到位，坑内打磨砂轮没带防护罩；自我防护意识差，汗水流入眼睛未能及时停止作业进行处理。

（3）高温下坑内作业，施工环境差。

案例警示

（1）施工生产机械安全防护设施齐全有效。

（2）施工生产用电设备，工具安装符合规范要求。

（3）季节变化后对施工生产现场的高温、低温、雪、雨、霜等不安全因素进行识别，控制或预防。

（4）施工作业前未对作业人员的身体状况，情绪及外界环境等进了解，适当调整工作。

2. 20100716 维修作业机械伤害事故

2010年7月16日，某油气田甲醇厂在更换循环水轴流风机叶片过程中，轴流风机突然启动，事故造成3人死亡，1人轻伤。

事故经过

2010年7月16日15：30，某油气田甲醇厂钳工班5人进入轴流风机风筒内作业，2人在风筒外配合和监护。17：10，在作业现场的维修车间主任通知厂调度室A某，要求安排做试运风机准备。

操作工接到厂调度室A某电话后，向班长汇报，两人共同到配电室，班长合上轴流风机主空气开关，突然启动的风机导致风机风筒内的作业人员3人死亡、1人轻伤。

直接原因

风机突然启动，导致风机风筒内的作业人员受到机械伤害。

间接原因

（1）风机启动控制开关合闸按钮卡涩、粘连，未完全复位，处于导通状态，操作人员合上主空气开关后，合闸回路接通，接触器动作合闸，导致电机误启动（图2-20、图2-21）。

轴流风机风筒   轴流风机（更换扇叶后）

图 2-20 轴流风机

（2）设备维护保养不到位，对轴流风机就地控制箱维护保养不到位，只注重外观检查，忽视了腐蚀和老化的影响。

（3）隐患排查有死角，没有及时发现启动按钮无法正常复位的隐患。

（4）操作员违反操作规程，在检修人员未撤离的情况下擅自送电。

（5）维修作业方案中忽视了人员进入风机风筒后，异常通电导致风机旋转造成机械伤害的风险，也未制订对能量隔离及上锁挂牌等防控措施。

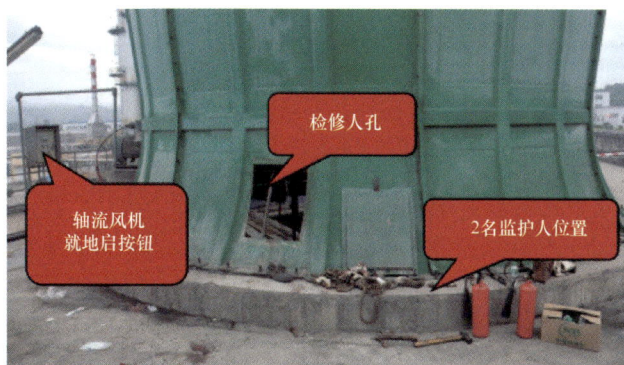

图 2-21　事故现场

⚠️案例警示

（1）设备维护保养、安全检查、隐患排查应实行标准化管理，明确外观检查、拆解检查、检验测试等检查、维护工作的重点、标准和方式方法，提高工作质量。

（2）受限空间作业应严格执行作业许可管理要求，设备设施在重新启动、启用前，应检查确认人员、工具、物料的状态和位置。涉及能量隔离时，应按上锁挂牌管理规范，严格执行电气上锁后的"确认""验电"步骤，确保电源切实被切断。

（3）作业前，应进行工作前安全分析，必须对送电、测试等关键作业结合工作步骤进行分解、分析，落实风险防控措施，确保危险区域内的作业人员全部撤出风机风筒后，按步骤逐步恢复供电。

3. 20120109 轻油泵房机械伤害事故

2012 年 1 月 9 日上午 10：15，司泵工在检查设备运行温度过程中，右手被油泵联轴器搅伤。

📋事故经过

2012 年 1 月 9 日上午 10：15，轻油泵房正在进行 -10# 柴油接卸作业，当班司泵工在作业期间进行巡检，在检查设备运行温度时，违规操作，导致右手被油泵联轴器搅伤（图 2-22）。

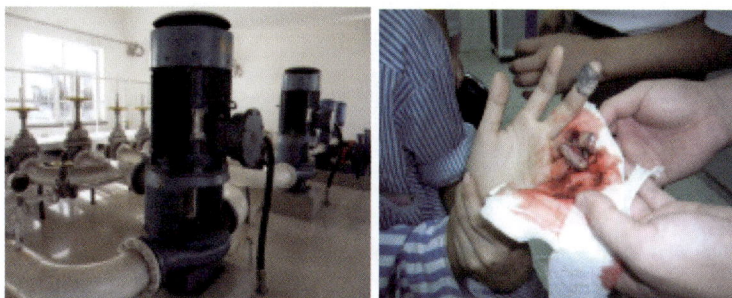

图 2-22　事故现场

💡直接原因

在巡检过程中精力不集中，检查设备温度方式的不对。

💡间接原因

（1）关于设备巡检的安全使用培训教育不到位。

（2）轻油泵房安全防护不到位，离心泵没有防护罩；自我防护意识差（图2-23）。

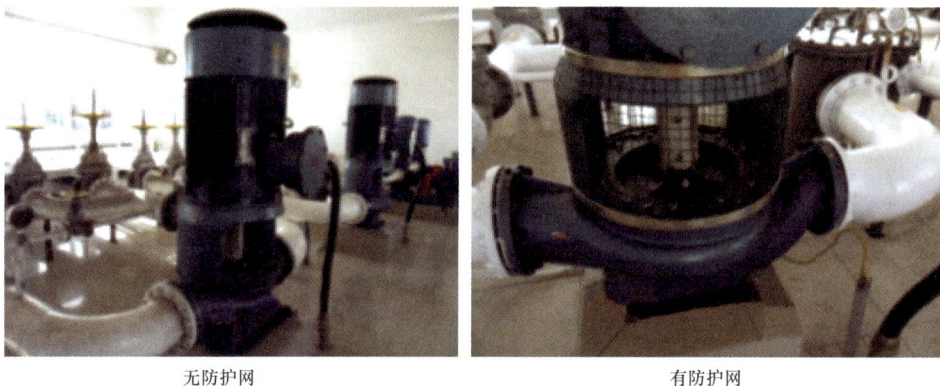

无防护网　　　　　　　　　　　　有防护网

图 2-23　离心泵防护

⚠案例警示

（1）机械安全防护设施齐全有效。

（2）提高作业人员的自我防护意识，认真对运转设备巡检。

（3）作业生产机械进行定机定人管理，操作者对其"四懂""三会"熟练掌握。

4. 20171130 检修作业机械伤害事故

2017年11月30日12：20，某石化分公司炼油厂车间发生管束突出导致的机械伤害事故，造成5人死亡、2人重伤、14人轻伤。

📖事故经过

2017年11月30日12：20，某石化分公司炼油厂二车间重油催化裂化装置进行E2208/2油浆蒸气发生器检修。施工人员拆卸E2208/2油浆蒸气发生器封头螺栓，拆到剩余5根螺栓时，E2208/2油浆蒸气发生器管束与封头共同飞出，将现场人员冲击倒地，发生管束突出导致的机械伤害事故，造成5人死亡、2人重伤、14人轻伤（图2-24、图2-25）。

💡直接原因

设备安装公司施工人员带压拆卸E2208/2油浆蒸气发生器壳体与管箱的连接螺栓，螺栓断裂失效，管箱与管束突出。

图 2-24 飞出的换热器管束

图 2-25 事故现场

💡 间接原因

（1）相关技术人员和当班班长未按作业许可证管理标准的要求进行现场安全确认；设备安装公司施工人员在作业前没有最后确认 E2208/2 油浆蒸气发生器壳程压力。

（2）监督检查不到位，未督促员工严格落实作业许可等管理标准和工作制度，未及时纠正技术人员和现场操作人员的习惯性违章操作。

（3）对重催装置停工检修仓促，没有按照先制订抢修后制订停工方案的原则组织停工检修，工艺、设备部门衔接不到位，为 E2208/2 油浆蒸气发生器检修埋下安全隐患。

⚠️ 案例警示

（1）开展危险有害因素识别和风险评估，严格执行安全技术规程，确保各项安全防范措施落实到位，强化安全生产执法检查工作。

（2）加强隐患排查治理，提升安全生产保障能力，加强从业人员培训教育，提高从业人员安全技能。

（3）规范特殊作业安全许可程序，严格作业票的会签、审批和管理，明确特殊作业许可证签发人、监护人员、许可证签发人的职责、范围和要求，禁止出现个人违章指挥、违规操作的行为。

五、其他行业

1. 20171027 试油作业机械伤害事故

2017 年 10 月 27 日 23：33，在某油田井下作业队试油作业过程中，发生一起机械伤害事故，造成 1 人死亡。

📋 事故经过

2017 年 10 月 27 日，在某油田井下作业队试油作业过程中，配合连续油管试压，修井机游动滑车意外自动上行，现场进行维修。第三次试车时，员工 A 压下刹把挂上安全防滑链后，离开刹把位置，走到滚筒前，此时滚筒突然转动，快绳绷紧带动保险绳，将其弹向滚筒，头部重伤，送医抢救无效死亡（图 2-26）。

直接原因

在试车过程中，因修井机滚筒突然转动，快绳绷紧带动保险绳，将员工 A 弹向滚筒，造成头部严重受伤。

图 2-26 事故现场

间接原因

（1）变速箱未在空挡位，离合器未分离，气压升高后，导致滚筒意外转动。

（2）拆装滚筒控制阀过程中无意碰撞使滚筒控制阀杆偏向离合器结合方向。

（3）员工 A 未按照分工要求坚守刹把位置，走到修井机滚筒前。

（4）第三次试车前，快绳与死绳之间卡保险绳，违反 SY/T 5727—2014《井下作业安全规程》中 3.10.1 升钢丝绳"不应有严重磨损、锈蚀及挤压弯曲等变形"的规定，致使快绳下端松弛。

（5）在维修试车过程中，滚筒控制阀临时放在操作台后面，造成操作不便。

（6）滚筒控制阀更换维修后，在没有确认滚筒控制阀阀杆处于中位，变速箱处于空挡情况下进行试车。

案例警示

（1）加强隐患排查，及时对存在隐患的设备进行整改，杜绝设备设施带病作业。

（2）严格落实相关要求，夜间检维修作业应纳入升级管理。

（3）强化岗位员工技能鉴定，严格培训、考核、评定结果的应用，严禁安排不具备能力的员工从事相应的管理和操作。

（4）明确非计划作业工作界面和责任主体，规范生产管理流程和工作程序，明确交叉配合作业区域的责任单位和责任人。

2. 20201111 清理设备油脂机械伤害事故

2020 年 11 月 11 日 9：53，某石油机械公司操作工在 KSC48-630 成绳机合拢口变形器清理油脂时，发生一起机械伤害亡人事故，造成 1 人死亡。

事故经过

2020 年 11 月 11 日 8：00，某公司开始正常交接班，操作工 A 某、小班长 B 某和操作工 C 某共同操作 KSC48/630 成绳机和 KSC36/630 拢绳机组合成的混乱式串联成绳机，大班长 D 某安排 A 某、B 某和 C 某进行 48/630 成绳机的绳轮更换作业。

9：31，完成绳轮更换作业，B 某和 C 某离开该区域进行其他工作。

9：47，KSC48-630 成绳机运行平稳后，A 某一人进行 KSC48-630 成绳机生产运行巡检。

9：51，A 某巡检到合拢口变形器部位时，发现凝固油脂较多，左手用自制小铁铲，清理合拢口变形器下端油脂。

9：53 左右，A 某左臂突然被合拢口变形器上的螺栓卡住，左臂连同整个身体被卷入正在旋转的合拢口变形器和压线膜底座之间。

9：54，B 某和 C 某听到异响后，从 KSC36-630 区域赶到 KSC48-630 成绳机区域，发现 A 某身体被卷入 KSC48-630 成绳机合拢口变形器，B 某按下急停按钮停车，同时电话通知分公司经理 E 某。

9：57，分公司经理 E 某，副经理 F 某及主管 G 某到达事发现场开展救援，并联系 120。

11：20，120 到达现场，鉴定 A 某已经死亡。

直接原因

在设备未停车的情况下，A 某对合拢口变形器下端油脂进行清理，左臂被合拢口变形器上的螺栓卡住，整个身体被卷入合拢口变形器和压线膜底座之间。

间接原因

（1）A 某违反钢丝绳制造工安全操作规程，设备运转时若发现异常现象，应立即停车检查，设备运转中禁止在压模架入口处及其与牵引轮之间触摸、调整物绳和严禁在设备运转过程中擦拭、维护保养设备。

（2）设备本质安全不足。事故设备的旋转部位在运转过程中，未全部用护栏进行隔离或加装防护，未设置人员靠近旋转部位的连锁停机装置，合拢口变形器处无安全警示标识。

管理原因

（1）上级该分公司安全管理不到位。

（2）危害辨识及风险防控不到位。现场操作人员对设备在未停机的情况下，触摸设备调整物绳、清理油脂、跨越旋转部位等风险习以为常。两台设备在运行、操作、巡检过程中，部分时段仅有 1 人操作，缺少监管、监护。

（3）操作规程不完善。操作规程中设备符合性检查、工艺符合性检查等操作及步骤缺少安全具体内容。

（4）防护设施管理不到位，设备合拢口处未设置护栏，无警示标志，人员与运转设备不能有效隔离。

（5）安全培训不到位。该分公司安全培训内容多为传达安全通知、文件等，缺少操作规程、岗位风险防控的内容。

⚠️ 案例警示

（1）开展全区域全方位深刻反思、全面排查、彻底整改活动。制订实施为期三个月的安全生产整顿方案。

（2）全面整治设备设施缺陷，提升设备本质安全。为所有成绳机的生产线安装连锁停机装置和警示标识。

（3）开展危害因素再辨识、风险再评估。完善消减控制措施，修订操作规程和规章制度，确保风险防控不缺项、无盲区。

（4）强化安全能力提升。开展上岗安全能力培训和考核，杜绝"三违"行为，对承包商主要负责人实施"一对一"约谈。

（5）加大企业总部和二级单位对偏远基层单位的安全管理力度。同步策划体系审核、专项检查、绩效考核等工作，做到对基层单位全覆盖。

第三部分　高处坠落事故典型案例

高处坠落事故，指在高处作业中发生坠落造成的伤亡事故（高处作业指距地面 2.0m 以上高度的作业）。包括临边作业高处坠落、洞口作业高处坠落、攀登作业高处坠落、悬空作业高处坠落、操作平台作业高处坠落、交叉作业高处坠落等。不包括触电坠落事故。

高处坠落事故涉及面较广，多发生在钻井工程、生产辅助、基建工程领域，主要发生在临边、攀登、悬空、交叉作业情形。本部分共收集高处坠落典型案例 14 起，其中钻井工程 6 起、井下作业 1 起、工程建设 5 起、其他行业 2 起。主要原因为防护栏、防护网、安全带等防护措施落实不到位，吊具损坏失效等，共导致 12 人死亡，2 人受伤。

为了防范事故发生，企业应进一步加强员工安全意识、操作技能的教育培训，教会员工正确使用"三宝"，即安全帽，防止或减轻人头部受到外力伤害；安全带，防止高处作业人员坠落；安全网，防止人和物体坠落，避免和减轻物体打击伤害。

一、钻井工程

1.钻井队下油套管作业高处坠落事故

某钻井队在进行下油套管作业时，发生一起高处坠落事故，造成 1 人重伤。

事故经过

某年 10 月，某钻井队在进行下油套管作业，在下第 29 根时，内钳工 A 某，钻工 B 某配合采取"猪蹄扣"的捆绑方式拉吊卡至套管上，由于吊卡右端的绳扣松脱，致使 A 某重心不稳向后倾倒，从钻台大门处摔向地面，造成 A 某重伤（图 3-1）。

直接原因

（1）拉拽吊卡的绳扣松脱，操作人员重心不稳向后倾倒，是导致事故的主要原因。

（2）风险识别不到位，在进行下套管作业时，未在钻台大门处挂好安全链。

间接原因

（1）内钳工 A 某岗位风险认识不足，对吊卡上的绳套没有仔细检查，导致在施工过程中绳套松脱。

图 3-1　事故模拟

（2）事故单位钻井作业指导书中对下套管的两种作业没有明确要求油（表）套放在坡道上后应将钻台坡道的防护链条拉上及打绳套的结扣方式，也是导致事故的原因之一。

⚠️**案例警示**

（1）下套管作业前将棕绳以打死结方式系在吊卡两侧吊耳下部防止脱落。

（2）在起吊套管时将钻台大门保险链取下，当套管落在坡道上稳定后由当班的内外钳工将钻台大门保险链挂好。

（3）加强隐患排查及风险识别，作业现场要结合安全观察与沟通的工作，对风险较大的搬迁、下套管、甩单根作业要重新进行梳理、排查，制订切实可行的操作方式。

2. 钻井队拆甩设备作业高处坠落事故

某钻井队在进行拆甩设备作业时，发生一起高处坠落事故，造成 1 人死亡。

事故经过

某钻井队在某井进行拆甩设备作业，在拆转盘独立驱动装置大梁过程中，司转在攀爬右侧人字架踏梯时，从第二或第三踏棍处滑下。滑落过程中，因脚部刮碰人字架的横拉筋，身体呈水平状态坠落，头部受伤，经抢救无效死亡（图3-2）。

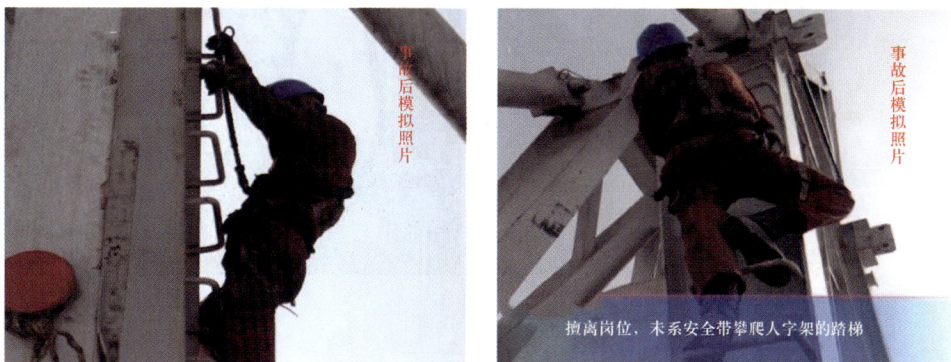

图 3-2 事故模拟

直接原因

司转擅离岗位，未系安全带攀爬人字架的踏梯。

间接原因

（1）设备存在缺陷。人字架上宽下窄，从第二节开始，踏梯边缘存在空隙。
（2）踏梯为圆钢筋，无扶手，无护笼，容易导致人员脚下打滑造成踏空。

案例警示

（1）作业前，应进行工作前安全分析，辨识每一个操作步骤存在的风险。
（2）高处作业，严格执行高处作业安全管理规范，作业前办理高处作业许可证。
（3）高处作业时应正确穿戴安全带，并确保高处工件、物料妥善放置。
（4）落实现场的安全监督职责，严禁无安全监督进行高处作业。

3. 20030313 钻井作业高处坠落事故

2003年3月13日，某公司钻井队在卸施压胶塞作业过程中，发生一起高处坠落事故，造成1人死亡。

事故经过

3月13日21:00左右封井器试压完毕，司钻组织本班人员开始卸试压用胶塞，由于用B型大钳拉不开，准备用液压大钳卸螺纹，内钳工见水龙头提环挡住内钳吊绳，不好回位，便爬到井架大腿处的梯子上解开提环固定棕绳，待内钳回位后重新固定水龙头提环，此时外钳工看见后，在没有与内钳工取得联系的情况下拉动水龙带，当第二次用力拉水龙带时，水龙头提环转动，站在井架上正在用力拉的内钳工因没有思想准备，瞬间失去平衡，从距钻台面高约 2.7m 的井架拉筋间隙坠落至地面（钻台面离地面 6m）。钻井队随即将其送往油田职工总医院急救，经抢救无效死亡（图 3-3）。

图 3-3　事故模拟

🔆直接原因

高处作业时没系安全带，是造成事故的直接原因。

🔆间接原因

（1）外钳工在协助内钳工作业之前，没有与进行沟通，导致内钳工没有心理准备。

（2）内钳工在工作时没有对工作环境进行认真观察，防范心理准备不足。

⚠案例警示

（1）高处作业必须系好安全带。

（2）生产组织要到位，并结合作业特点做出安全提示。

（3）两人以上（含两人）作业时，协作者之间要加强沟通。

（4）抓好安全监督工作的落实。一是专职安全监督要到位；二是跟班干部的巡回监督要到位；三是岗位之间的相互监督要到位。

（5）加强员工安全教育，提高安全自我保护和自我防范意识，杜绝违章行为。

4. 20080526 拆除作业高处坠落事故

2008 年 5 月 26 日，某公司钻井队在拆除二层台铁板过程中，发生一起高处坠落事故，造成 1 人死亡。

📝事故经过

2008 年 5 月 26 日 16：02，某钻井队在井场拆除二层台上一块翘裂严重的铁板，作业人员在距离地面 36m 的高空作业没有系挂安全带，也没有将被拆卸物（指梁及指梁盖板）进行捆绑、固定，导致销子被卸下后，指梁、指梁盖板及作业人员一同从高处坠地，在送往医院途中死亡（图 3-4）。

二层台指梁图

二层台现场

二层台指梁盖板图

死者落地位置图

图 3-4　事故现场

☀ 直接原因

作业人员不了解二层台指梁、指梁盖板和井架之间的连接，又没有系挂安全带，盲目进行高空拆卸作业，导致指梁、指梁盖板失去支撑，发生坠落事故。

☀ 间接原因

（1）司钻派无操作资质的人员从事高空作业，属违章指挥。

（2）生产组织和作业人员没有高空作业风险意识，对拆卸二层台指梁盖板没有开展风险识别，没有制订针对性的防范措施。

（3）未认真执行安全确认制和高处作业许可制，高处作业未开高处作业许可票，未对高处作业进行安全技术交底，缺乏作业过程监控。

（4）现场安全隐患和"三违"行为没有被及时发现并采取措施，现场操作人员安全素质和自我保护意识不强。

⚠ 案例警示

（1）作业前，应进行工作前安全分析，辨识每一个操作步骤存在的风险。

（2）严禁违章指挥，操作人员应拒绝违章指挥。

（3）高处作业，严格执行高处作业安全管理规范，作业前办理高处作业许可证。

（4）高处作业时应正确穿戴安全带，并确保高处工件物料妥善放置。

（5）落实现场安全监督职责，严禁无监督进行高处作业。

5. 20140521 推移井架作业高处坠落事故

2014年5月21日某钻井队准备推移井架作业发生高处坠落事故，致1人受伤。

📑 事故经过

5月21日，某钻井队准备推移井架。凌晨5：30，外钳工A某在未系安全带的情况下，手拿一根长5m、重5.4kg的φ16mm钢丝绳套爬上钻台偏房支架，准备挂倒链将压井管汇吊在偏房支架上，不慎坠落，摔在压井管汇上。经医院检查右侧胸部受伤。

💡 直接原因

（1）外钳工高处作业不系安全带，身体失稳后从高处坠落。

（2）采取偏房支架上挂倒链吊压井管汇随底座一起推移的方式代替用吊车起吊移动，作业方式不正确。

💡 间接原因

（1）改变作业方式未进行变更管理，对风险控制工具认识理解不够，应用没有落到实处。

（2）钻井队日常教育培训不到位，未有效宣贯管理制度及规范，员工安全意识淡薄，风险认知和控制能力差。

（3）跟班人员对作业过程风险管控不到位，只顾参与具体作业，没有把作业过程风险管控作为重点，管控出现死角。

⚠️ 案例警示

（1）严格落实高处作业许可制度，防坠落措施切实有效，非特殊情况不许夜晚进行临时登高作业。

（2）移动压井管汇、节流管汇、振动筛等设备设施，必须使用吊车。如果改变作业方式，必须按照变更管理规范要求严格管控。

（3）进一步规范作业前安全会，强化对作业人员进行风险和控制措施沟通交底。

（4）强化跟班监控责任落实。安排相关的干部、大班跟班管控，对跟班职责履行情况严格考核。

6. 20200307 滑大绳作业高处坠落事故

2020年3月7日，某油田公司钻井队滑大绳过程中发生高处坠落事故，造成1人死亡。

📑 事故经过

2020年3月7日1：40，某油田公司钻井队，在进行滑大绳作业过程中发生高处坠落事故，造成 1 人死亡。

直接原因

滑大绳作业过程中，用于气动纹车吊钩与大绳连接的吊带突然断裂下坠，导致大绳摆动，将蹲在钻台遮阳棚边缘、手扶大绳指挥作业的人员带落，跌至钻台导致死亡。

间接原因

（1）现场作业偏离程序，带班队长擅自变更作业程序，导致非常规作业风险失控。
（2）HSE 监督履职不到位，现场监督形同虚设。
（3）岗位职责未落实，工作负责人未及时制止违章行为。
（4）应急救援机制不完善，错过最佳治疗窗口期。

案例警示

（1）严格按照程序进行作业，发生变更必须经过审批。
（2）强化现场 HSE 监督。
（3）落实岗位职责，发现违章行为，必须现场进行制止。
（4）强化应急能力建设。

二、井下作业

1016 修井作业高处坠落事故

某年 10 月 16 日，某厂作业队修井作业时发生一起高处坠落事故，造成 1 人死亡。

事故经过

10 月 16 日，某厂作业队 A 某等 4 人进行修井作业，11：20 A 某带上引绳爬上总高 18m 井架，准备穿大绳。当爬至 17.65m 时，因左脚滑脱踩空，双手未抓牢，从井架上掉下来，摔在井口处，当场死亡。

直接原因

A 某登高过程中踩空双手未抓牢，是导致事故发生的直接原因。

间接原因

（1）A 某高处作业不系安全带，是导致事故发生的主要原因。
（2）对操作者登高作业技能培训不达标，是导致事故发生的重要原因。

案例警示

（1）登高作业必须严格执行操作规程，杜绝无保护作业和违章作业。
（2）上下井架时使用防坠器。
（3）加强登高人员高处作业安全培训，取得登高作业人员操作资格证书方可登高作业。

三、工程建设

1. 20070319 钻机售后安装高处坠落事故

2007 年 3 月 19 日，某石油机械有限责任公司销售公司在对某油田即将投入使用的钻机进行售后安装服务过程中，发生高处坠落事故，造成 1 人死亡。

事故经过

图 3-5　事故现场

2007 年 3 月 19 日，负责钻机售后安装指导工作的 A 某、B 某搭伴作业，A 某未系安全带、戴安全帽但未锁定、未穿劳保鞋（穿旅游鞋），钻机处于卧装状态。下午 17：45 左右，两人在配装二层台风动绞车的 1in 主气路管线时，A 某不慎失足从井架二层台位置处（距地面高度约 4.7m）坠落。事故发生后，该机械公司服务人员在井队的配合下，于 18：20 将 A 某送到某县人民医院抢救，经医院全力抢救无效死亡，人民医院确诊邓某死亡原因为颈椎损伤（图 3-5）。

直接原因

A 某在与 B 某配装二层台风动绞车的 1in 主气路管线时，不慎失足从井架二层台位置处（距地面高度约 4.7m）坠落，经医院全力抢救无效死亡。

间接原因

（1）A 某安全意识淡薄，登高作业时未系安全带、安全帽系带未锁定、未穿劳保鞋（穿旅游鞋）。

（2）A 某在实施作业时，未与井队取得联系，擅自登上井架，违反机械公司现场服务人员要求、钻机试验工安全技术操作规程和钻机试验工 HSE 作业指导书的规定。

（3）高处作业时未设专人监护并携带物品行走。

案例警示

（1）售后服务人员与井队的协调不够、外出服务人员的培训教育不够。

（2）对劳务派遣、短期用工人员的安全教育培训不够。

（3）钻机组装现场安全管理不到位，高处作业无现场监护和协调人员。

2. 20080711 拆除电力线路高处坠落事故

2008 年 7 月 11 日，某建设公司在一油库脚手架拆除作业过程中，发生一起高处坠落事故，造成 1 人死亡。

2008 年 7 月 11 日 13：20，A 某等 6 人到达作业现场，负责拆除某线路 3# 铁塔的避雷线和导线。A 某携带工具及保险带到达 3# 铁塔检查拉线后，在现场监护人员没有到位的情况下随即登塔。

当登到 3# 铁塔一半时，B 某到达 3# 铁塔处进行监护。A 某登到塔顶系好保险带即开始作业，在拆除 3# 铁塔避雷线的瞬间，铁塔失去平衡倾倒落地，A 某随铁塔一起坠落至地面。见此情景，其他同事迅速跑到倾倒落地铁塔前，用电工刀割开 A 某所系的保险带，对 A 某进行抢救并用车辆送往油田职工医院，经抢救无效死亡（图 3-6）。

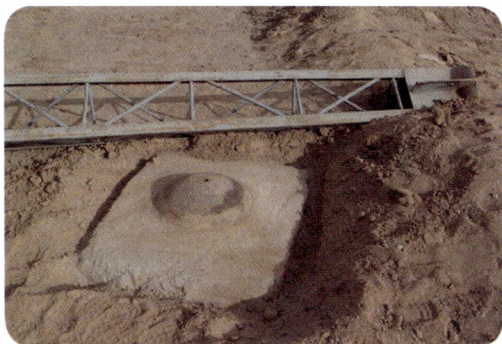

图 3-6　事故现场

1980 年初采用锥形铁塔架设投产，其中 3# 铁塔设计为半球形无固定基座锥形铁塔。

现场 3# 铁塔实际仅有三组 4 条拉线安装在塔基的外角一侧 180° 范围内固定，缺少 1 条内角拉线固定（图 3-7）。

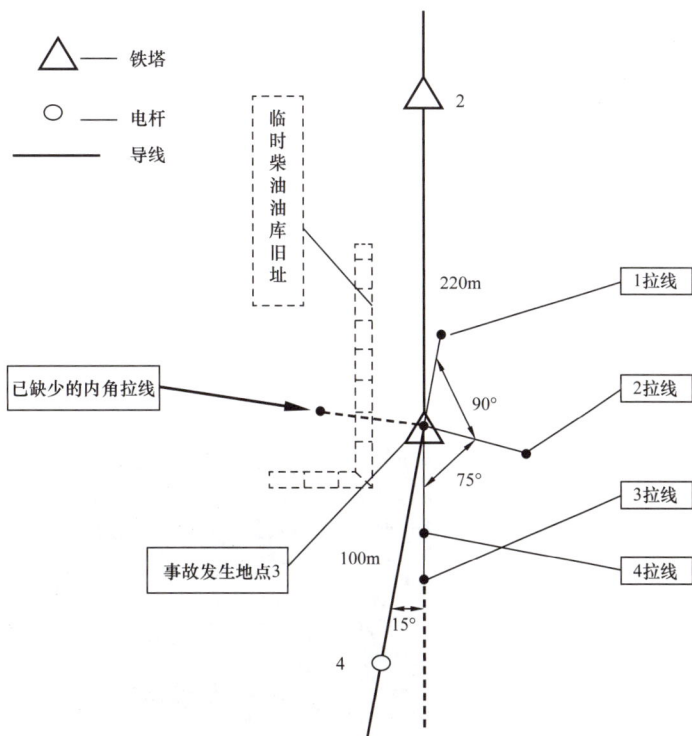

图 3-7　事故现场图

3# 铁塔至 4# 水泥杆导线从 4# 水泥杆拆除断线后，3# 铁塔靠三组 4 条拉线和 3# 铁塔与 5# 门型水泥杆架的避雷线以及 3# 铁塔与 2# 直角锥形铁塔之间的避雷线、导线保持着平衡。当 3# 铁塔与 5# 门型水泥杆架的避雷线在 3# 铁塔处拆除断开时，导致 3# 铁塔失去平衡倾倒落地是此起事故发生的直接原因。

💡 间接原因

（1）施工前准备不足，没有用设计图纸和现场工况进行核对，误认为现场工况与原设计情况没有变化，从而导致实际作业前，对具体的作业对象和环境存在的变化不清楚，对可能的风险缺乏思想准备。

（2）安全意识不够，到达现场后，施工前发现了缺少一条内角拉线，但对缺少内角拉线情况下铁塔的实际受力状况缺乏分析，没有意识到缺少 1 条内角拉线的危险和可能造成的后果。

（3）防范措施不到位，施工单位只注重了常规性的电击和高处坠落等作业风险的防控，而忽视了作业过程中存在的机械性风险识别，也就缺乏必要的风险控制和防范措施。

⚠️ 案例警示

（1）作业前，应进行工作前安全分析，辨识每一个操作步骤存在的风险。

（2）高处作业，严格执行高处作业安全管理规范等规定，作业前办理高处作业许可证。

（3）加强对高处作业人员的培训。

3. 20080825 储油罐大修高处坠落事故

2008 年 8 月 25 日，某公司储油罐大修施工人员在油罐内寻找个人物品过程中，发生一起高处坠落事故，造成 1 人死亡。

📈 事故经过

2008 年 8 月 25 日，某公司储油罐大修施工队进行罐内防腐作业，施工结束后，一名施工人员发现个人物品遗留在储罐内，随即返回储罐寻找。由于罐内通风机、照明灯都已关闭，现场光线昏暗，加之该施工人员未佩戴安全带，在寻找物品过程中，该施工人员从脚手架上失足坠落，经抢救无效死亡（图 3-8、图 3-9）。

大修的储罐　　　　　　　　　脚手架平台下方未架设安全网

图 3-8　事故现场

图 3-9 人员进出储罐的透光孔收工后未封孔
锁定管理

直接原因

分包商施工人员在储罐内的脚手架上寻找个人物品时，因失足从脚手架上跌落致死。

间接原因

（1）分包商员工违章作业，在未经允许、无人监护、未采取安全带等防护措施的情况下擅自进入罐内作业平台。

（2）罐内作业环境不良，罐内通风机、照明灯都已关闭断电，现场光线昏暗，空气不良。

（3）施工现场保护措施不完善，14m 高的作业平台下方没有按照规定架设安全网。

（4）对油罐大修作业存在的主要风险辨识不全，对人员坠落风险、作业现场隔离等风险的预防和控制不力。

（5）监理公司和建设单位对施工现场的人员入厂、出厂管理，作业现场隔离隔断措施等监管不力。

案例警示

（1）对受限空间作业，应在出入口设置门禁、提示措施，并严格落实。

（2）完善施工方案审查、审批的管理规定，完善相关工作标准、作业程序等详细内容。

（3）加强施工作业现场的监管，设置专人监督施工安全措施、施工区域的人员管理。

（4）督促落实承包商员工的安全教育，提高施工人员的安全意识和风险防范意识。

4. 20131120 厂房顶部作业高处坠落事故

2013 年 11 月 20 日，某防腐保温公司在某石化公司热电厂进行锅炉厂房顶部封闭施工作业时，发生一起高处坠落事故，造成 1 人死亡。

事故经过

2013 年 11 月 20 日，某防腐保温公司施工人员 A 某和 B 某在某石化公司热电厂锅炉厂房顶部进行施工吊装敞口封闭工作。16：00 左右，A 某发现电钻和铆钉未拿，就独自顺原路返回。16：10，A 某行至 4 锅炉 20m 平台处，听到有物体坠落撞击的响声，A 某下至锅炉厂房 8m 平台，在风道与火检风机之间发现了昏迷的 B 某，经医务人员确认 B 某已死亡（图 3-10）。

直接原因

施工人员在屋顶由北向南拖动瓦楞钢板时，不慎从屋顶一待封闭的敞口处坠入锅炉厂房内 8m 平台处，造成死亡。

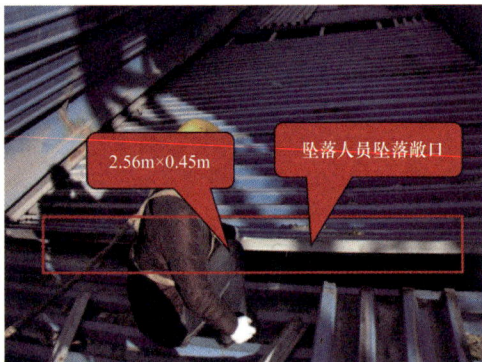

图 3-10　事故现场

（标注文字）2.56m×0.45m　　坠落人员坠落敞口

间接原因

（1）作业人员对坠落风险认识不足，安全意识淡薄，忽视了屋顶敞口处的坠落风险，导致事故发生。

（2）现场安全防护措施落实不到位，对吊装留下的两个敞口未按要求设置警示和围栏等临边防护措施。

（3）属地单位与项目监理安全管理界面界定不清，对该项目收尾阶段的安全管理出现漏洞，未能有效监控施工风险。

案例警示

（1）高处作业（尤其是含临边作业），应重点辨识易发生坠落的平台边缘、敞口处等区域的作业风险，落实防护栏杆、盖板、围栏等安全防护措施。

（2）建设单位和工程监理应认真落实全过程的安全监督责任，对关键作业、高危作业要实施旁站监督，落实施工过程中的监督职责。

5. 20150710 拆除脚手架高处坠落事故

2015 年 7 月 10 日，某建设公司在一油库脚手架拆除作业过程中，发生一起高处坠落事故，造成 1 人死亡。

事故经过

某建设公司将中标的油库防腐隐患治理工程私自转包给承包商，2015 年 7 月 10 日，10 名承包商施工人员进入库区进行脚手架拆除作业。

16：15 左右，1 名承包商员工站在管廊外侧的工字钢梁上，将拆除扣件后的连接杆抛向地面，此时其安全带还系挂在该连接杆上，在连接杆抛落过程中，将其一同拉向地面，致使其头部和胸腔受伤，经抢救无效死亡（图 3-11）。

龙门架整体照片　　　　　　　　龙门架第二层图

图 3-11　事故现场

🔆直接原因

作业人员将脚手杆拆下并抛向地面时，系挂在脚手杆上的安全带将其一同牵坠到地面，头部和胸部撞击在已拆除的脚手杆及扣件上，造成重型颅脑挫伤导致死亡。

🔆间接原因

（1）安全带系挂点未及时调整。作业人员在拆除脚手架南北向连接杆时，没有及时将系挂在连接杆上的安全带解下。

（2）作业方式错误。拆除的脚手架杆没有使用绳索溜放或人工传递的方式，而是采取由上向下抛扔的作业方式。

（3）安全意识不足。作业人员对高处作业过程中的风险辨识不够，自我保护能力不强。

（4）施工单位监护不到位。现场监护人离开作业现场，未能及时发现和制止作业过程中的违章行为。

⚠案例警示

（1）承包商作业现场，安全监督要到位，确保承包商作业现场全过程受控。

（2）建设单位应加强承包商作业现场的人员培训与资质核查，提高其安全技能和安全意识，杜绝违章作业。

（3）应执行脚手架作业安全管理规范，脚手架的搭建、拆除、移动、改装作业应在作业技术负责人现场指导下进行。拆除的脚手架杆应使用绳索溜放或人工传递的方式，严禁向下抛扔。

（4）加强承包商管理，对违反合同，擅自分包中标项目的承包商，应及时进行整顿或清退。

（5）脚手架作业时，选择安全可靠的安全带系挂点并及时调整。

四、其他行业

1. 20090120 更换路灯高处坠落事故

2009年1月20日，某气矿配气站在更换路灯灯泡过程中发生一起高处坠落事故，造成1人死亡。

📝事故经过

2009年1月20日，电工班长A某和电工B某到气站检修路灯，在对直梯采取防滑措施后，由A某和C某监护B某更换路灯，监护人A某要求B某佩戴安全帽、安全带作业，B某只佩戴安全带登梯作业，当B某攀爬到离地面约2m高处时，路灯横杆弯头处突然断裂，导致搭接在此处的直梯随同横杆一同坠地，B某经抢救无效死亡。

☀ 直接原因

杆管"r"接头长期处于湿度较大的树冠中，致使"r"接头附近腐蚀严重，断裂处已减薄至 0.5mm，杆管"r"接头附近断裂，造成 B 某高处坠落（图 3-12、图 3-13）。

图 3-12　事故灯杆

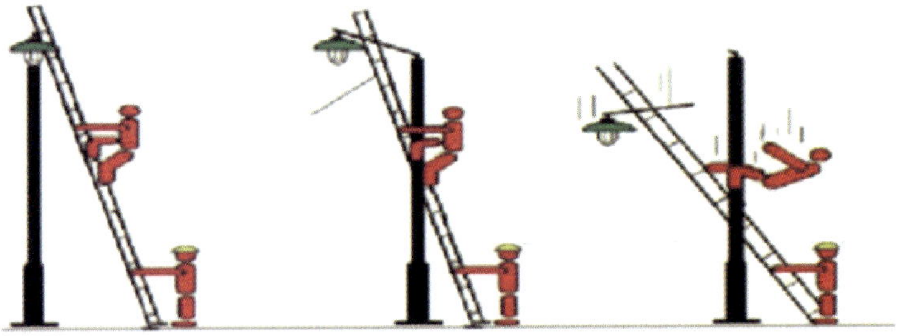

图 3-13　事故示意图

☀ 间接原因

（1）选择的登高工具不当。

（2）作业前，没有对灯杆安全状况进行逐一检查，没有识别出杆管"r"接头可能断裂的风险。

（3）作业时没有按规定佩戴安全帽。

⚠ 案例警示

（1）进行工作前进行危害因素辨识，制订预防控制措施。

（2）必须正确佩戴劳保用品。

（3）要合理选择作业工具，落实安全措施。

（4）监护人员要履行监护职责，及时制止他人违规作业。

2. 20130924 撤线作业高处坠落事故

2013 年 9 月 24 日，某油田公司—供电队在电杆线路撤线作业过程中，发生一起高处坠落事故，造成 1 人死亡。

✍ 事故经过

2013 年 9 月 24 日，供电队执行拆除线路作业，副队长 A 某带领一名员工在 5 号杆进行撤线作业，安排另 2 名员工去附近的 14 号杆进行断线作业。

A 某登上中 5 号线杆中部卸下照明灯架和底部横担，爬到线杆顶部系好安全绳，解开固定绑线后，向 14 号线杆上的电工喊可以剪线，该电工随即剪断 14 号杆上的四根线。剪断后的电线担在五号横杆上，A 某将线从横担上摘下扔向地面，开始下杆，5 号线杆发生倾倒，带着 A 某砸向地面，压在 A 某身上，造成 A 某死亡。

💡**直接原因**

水泥线杆埋深不够发生倾倒，压在随线杆倒下的 A 某胸部，造成颅骨及内脏损伤，导致死亡（图 3–14）。

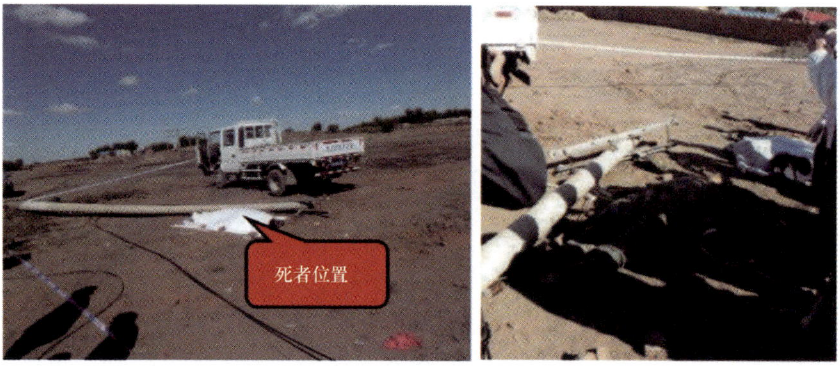

图 3–14　事故现场

💡**间接原因**

（1）上杆前没有检查杆基埋深。按照 DL/T 5220《10kV 及以下架空配电线路设计技术规程》，8m 高线杆埋深应达 1.5m，而实际经多年取土后，5 号水泥线杆仅距地面 20cm。

（2）线杆上部受力失衡发生倾斜。当相邻线杆一侧线路断开时，造成线杆受力失去平衡，线杆向拉线与另一侧线路夹角方位发生倾倒。

（3）违章指挥和违规操作。在指挥拆除线路作业时未撤离 5 号线杆，就指挥其他员工剪断相邻线杆导线，未严格执行 DL 409《电业安全工作规程（电力线路部分）》。

⚠️**事故警示**

（1）工作前对工作环境和操作步骤进行危害因素辨识，确定规避风险的措施。

（2）对员工加强 DL 409《电业安全工作规程（电力线路部分）》培训，严格执行标准和规范，严禁违章指挥和违章作业。

（3）攀登前应检查杆根、基础和拉线牢固，检查脚扣、安全带、脚钉、爬梯等登高工具、设施完整牢固。

（4）紧线、撤线前应检查拉线、桩锚及杆塔，必要时应加固桩锚或加设临时拉绳，拆除杆上导线前，应先检查杆根，做好防倒杆措施，在挖坑前应先绑好拉绳。

第四部分

起重伤害事故典型案例

起重伤害，指各种起重作业（包括起重机安装、检修、试验）活动中发生的挤压、坠落（吊具、吊重）、折臂、倾翻、倒塌等引起的对人的伤害。

起重作业包括：桥式起重机、龙门起重机、门座起重机、塔式起重机、悬臂起重机、桅杆起重机、铁路起重机、汽车吊、电动葫芦、千斤顶等作业。如：起重作业时，脱钩砸人，钢丝绳断裂抽人，移动吊物撞人，钢丝绳刮人，滑车碰人等伤害。

起重伤害事故涉及各个专业，多在工程建设领域多发。本部分共收集起重伤害典型案例17起，其中钻井工程5起，井下作业3起、采油作业1起、工程建设6起、其他行业2起。主要原因一是违背操作规程，如超载起重，某人处于危险区事故；指挥不当，动作不协调；起吊方式不当，造成脱钩或起重物摆动伤人；二是构件强度不够倾倒、起重设备操作系统失灵或安全装置失效、吊具失效等造成重物坠落，事故共导致15人死亡，3人不同程度受伤。

为了防范事故发生，作业前应加强对作业环境和作业过程的危害因素辨识，制订预防控制措施；严格执行工作前安全分析、起重吊装作业"十不吊"等管理规定；杜绝违章指挥、违章操作，作业人员配合时，要充分清楚传达指令；加强现场设备设施检查，确保完好有效。

一、钻井工程

1. 20080326 井场搬迁起重伤害事故

2008年3月26日，某公司钻井队在井场搬迁起重过程中，发生起重伤害事故，造成1人死亡。

事故经过

2008年3月26日，钻井队的副司钻等3人和吊车司机进行钻井液循环罐和钻井泵之间上水管线的拆卸起吊作业。钻井队3人拆完上水管线连接螺栓，用两根12.7mm×8m吊绳和两个2t绳环锁住上水管线，副司钻指挥吊车试吊，管线未松动，现场人员便将吊绳绕过钻井泵滤网总阀进行起吊，管线仍未松动。作业人员又将吊绳捆扎点向循环罐方向挪动进行起吊，造成管线一端与循环罐法兰突然脱离，管线横扫出去，击中 1 名副司钻头部，经抢救无效死亡（图 4-1、图 4-2）。

| 图 4-1 事故现场 | 图 4-2 事故现场模拟图 |

💡 直接原因

起吊过程中用力过大，使上水管线脱离循环罐法兰的瞬间，向钻井泵方向横扫，将副司钻击倒。

💡 间接原因

（1）用吊车配合拆卸上水管线作业时，对拆卸后的上水管线会向 2 号钻井泵方向横扫的风险估计不足。

（2）外聘工吊车驾驶员技术素质不高，用小钩起吊时操作不当。

（3）在起吊时，副司钻站位不当，未处在安全区域指挥吊装作业。

⚠️ 案例警示

（1）严格执行起重吊装作业"十不吊"中"歪拉斜吊不吊""交错挤压在一起的物体不吊"的规定，严禁违规操作。

（2）吊装作业前，应进行工作前安全分析，辨识出每一个操作步骤存在的风险。

（3）执行移动式起重机吊装作业安全管理相关规定，办理吊装许可证，落实起吊作业现场安全监督责任人的监督职责。

（4）起重作业，人员应站在安全区域作业。

（5）加强特种作业人员的技能培训，严格考核。

2. 20141006 下套管作业起重伤害事故

2014 年 10 月 6 日，某公司钻井队在井场下套管作业过程中，发生起重伤害事故，造成 1 人受伤。

📈 事故经过

副司钻下放套管入井的同时，司机在场地上将吊带在套管上拴好并挂在气动绞车吊钩上，司钻操作内支梁侧气动绞车将编号 18 的套管吊上钻台，站在外支梁侧转盘直角处的钻杆盒上的内钳工释放兜绳控制套管向小鼠洞移动，站在内支梁侧转盘直角处的记录工看见被吊套管快速向小鼠洞方向移动，便走到内支梁与外支梁钻杆盒间去扶套管，由于释放兜绳速度过快，使套管外螺纹端快速摆动到靠近小鼠洞方向的内支梁钻杆盒直角处，司钻下放气动绞车使套管外螺纹端在钻杆盒上瞬间停顿，此时站在内支梁侧转盘直角处的外钳工发出上提信号，司钻立即上提气动绞车，同时站在内支梁处的外钳工和站在外支梁处的井架工上前去扶套管，记录工在弯腰去取套管兜绳时，套管随惯性仍在摆动，在司钻瞬间下放套管和套管继续向小鼠洞方向摆动的过程中，套管外螺纹端下压在记录工左脚前端（工鞋尖钢包头后面）并被套管摆动刮擦，造成了记录工左脚受伤（图 4-3）。

图 4-3　事故模拟

直接原因

兜绳释放过快，套管随惯性摆动，在下放套管和套管继续向小鼠洞方向摆动的过程中，套管外螺纹端下压在记录工左脚前端并被套管摆动刮擦，是导致事故发生的直接原因。

间接原因

（1）记录工操作技能不熟练，经验不足，风险识别能力差，在套管摆动状态下蹲下身体去取兜绳。

（2）参加扶套管的人员没有全力将套管扶住。

（3）场地上拴挂吊带人员未在套管外螺纹端拴揽风绳。

（4）内支梁钻杆盒排满钻杆，阻挡气动绞车操作人员视线，气动绞车操作人员无法观察吊物情况，是导致事故发生的间接原因。

案例警示

（1）选择气动绞车吊套管入小鼠洞的作业方式下套管，未执行相关企业标准。

（2）未组织对下套管过程中存在的风险进行识别并制订控制措施。

（3）从套管起吊到入鼠洞后取掉吊绳的过程中，现场没有安排专人进行指挥。

（4）没有组织学习相关企业标准。

3. 20151006 换装井口作业绷绳断裂事件

2015 年 10 月 6 日，某公司钻井队在换装井口作业作业过程中，发生绷绳断裂事件，无人受伤。

📋 事故经过

2015 年 10 月 6 日，某公司钻井队在某井实施换装井口作业。用 $1\frac{1}{4}$in 吊绳两根与 7/8in 绷绳一根及 10T 滑轮，绷吊防喷器环形闸板与上半封闸板时，当绷离剪切闸板 30cm 左右时（未发现绷绳跳槽现象），绷绳中部突然断裂，防喷器环形闸板与上半封闸板碰撞到剪切闸板，无人员伤害和其他设备损坏（图 4-4）。

图 4-4 事故现场

💡 直接原因

对钢丝绳的日常维护保养及巡回检查不到位；检测手段仅限于外观检查变形、断丝情况，未进行专业检测检查。

💡 间接原因

（1）长期使用绷绳，且未倒换受力变形段，使钢丝绳内部产生应力集中、变形，并导致疲劳损坏。

（2）该钢丝绳 2014 年 11 月领用，7/8in 钢丝绳的破断拉力为 29.6t，用风动绞车绷吊的过程中拉力不大于 5t，钢丝绳可能存在质量缺陷。

⚠️ 案例警示

（1）使用检验合格的钢丝绳，保证其机械性能和规格符合设计要求。

（2）保证足够的安全系数，必要时在使用前要做受力计算，不得使用报废的钢丝绳。

（3）坚持每个作业班次对钢丝绳进行检查。

（4）使用中，避免两钢丝绳的交叉、叠压受力，防止打结、扭曲、过度弯曲和划磨。

（5）减少钢丝绳弯折次数，尽量避免反向弯折。

（6）不在不洁净的地方拖拉钢丝绳，以防外界因素对钢丝绳的磨损、腐蚀，使其性能降低。

（7）保持钢丝绳表面的清洁和良好的润滑状态，加强对钢丝绳的保养和维护。

4. 20151014 井场卸车作业起重伤害事故

2015年10月14日，某公司钻井队在井场卸车作业过程中，发生起重伤害事故，造成1人受伤。

事故经过

2015年10月14日，队长带领4名员工，到达某井进行卸车作业。25t吊车驾驶员A某，将吊车平行摆放于井口前场右侧位置。当吊车将井架卸车并摆放于右前场边后，吊车顺时针转动吊臂至距离井架2m时，B某走到吊车大吊钩处取下4根吊绳后，面朝前场行走3步并顺时针转身往吊车车头方向再行走3步时，B某右耳上部安全帽处被顺时针转动过来的吊车大吊钩底部打击（吊钩+游车重量480kg、吊钩约40kg）倒地而受伤（图4-5）。

图4-5　事故模拟

直接原因

司钻B某取下大吊钩吊绳后，没有立即离开吊车吊臂工作半径内。

间接原因

（1）司钻B某安全意识不强，完成取下大吊钩吊绳工作后，注意力不集中，没有意识到在吊车吊臂工作半径内行走的风险。

（2）作为吊装作业指挥的司钻B某，未穿戴吊装指挥标识，未履行吊装指挥职责。

（3）吊车司机在转动吊车吊臂时，头右转去观察吊车车头方向的运输车，操作时注意力不集中。

（4）吊车司机违反了"吊装作业结束，应将吊钩提离地面2m以上，再转动吊车吊臂"的规定。

案例警示

（1）吊装作业前，应进行工作前安全分析，辨识出每一个操作步骤存在的风险。

（2）执行移动式起重机吊装作业安全管理相关规定，办理吊装许可证，落实起吊作业现场安全监督责任人的监督职责。

（3）起重作业，人员应站在安全区域作业。

（4）加强特种作业人员的技能培训，严格考核。

5. 20151110 井场卸车作业起重伤害事故

2015 年 11 月 10 日，某公司钻井队在井场搬家安装作业过程中，发生起重伤害事故，造成 1 人受伤。

事故经过

2015 年 11 月 10 日 14：15，某公司钻井队在某井实施搬迁作业。司钻带领井架工、钻井工 A 某和 B 某吊装重晶石粉罐。井架工在拴挂重晶石粉罐电子秤基座吊绳时，发现作为吊点的 C 形连接钩脱落，在整理和拴挂吊绳过程中，75t 吊车司机 C 某在没有得到起吊指令的情况下自行起吊，将井架工左手中指挤压在吊绳和 C 形连接挂钩之间，造成井架工左手中指挤压受伤（图 4-6、图 4-7）。

图 4-6 事故模拟一　　　　　图 4-7 事故模拟二

直接原因

在没有得到起吊指令的情况下，吊车司机根据自己的观察自行起吊。

间接原因

（1）吊车司机与吊物吊点间存在视线观察死角。

（2）吊物吊点选择错误。

（3）吊车驾驶员违反吊装操作规程"十不吊"。

案例警示

（1）严格执行起重吊装作业"十不吊"中"信号指挥不明不准吊"的规定，严禁违规操作。

（2）吊装作业前，应进行工作前安全分析，辨识出每一个操作步骤存在的风险。

（3）执行移动式起重机吊装作业安全管理相关规定，办理吊装许可证，落实起吊作业现场安全监督责任人的监督职责。

（4）加强特种作业人员的技能培训，严格考核。

二、井下作业

1. 20010601 修井作业起重伤害事故

2001 年 6 月 1 日，某石油勘探局作业队在某井起油管作业时，发生起重伤害事故，造成 1 人死亡。

事故经过

2001 年 6 月 1 日，某石油勘探局作业队在某井进行起油管作业时，油管掉下将作业工砸伤，抢救无效死亡。

直接原因

磁性吊卡销窜出，形成单吊环，油管掉下。

间接原因

井架与井口不同心（偏差 40～50cm），磁性吊卡销子底部被厚泥粘住，失去磁性，起不到保险作用。

案例警示

（1）全面开展隐患排查整顿工作。
（2）加强设备设施完整性管理，不断提升本质安全水平。
（3）加强教育培训，提高全员综合素质。

2. 20050228 设备配套作业起重伤害事故

2005 年 2 月 28 日，某石油管理局井下作业公司大修队，在某油田物资检查站的设备配套现场进行设备配套作业过程中，发生起重伤害事故，造成 2 人死亡，1 人重伤。

事故经过

2005 年 2 月 28 日，大修队在设备配套现场，进行安装作业。

A 某指挥起吊油罐在距高架油箱到位挡板约 10cm 处停下，A 某和 B 某（合同工）、

图 4-8　事故现场一

C 某（副司钻）、D 某在罐下安装支撑杆，发现油罐未吊到位，支撑杆无法插入下部支撑孔。A 某指挥吊车再升一点，吊车在提升时钢丝绳突然被拉断，球形高架罐迅速坠落。将 A 某、B 某压在罐下，C 某挤在罐右侧和配电箱之间。事故造成 A 某、B 某 2 人死亡，C 某重伤（图 4-8、图 4-9）。

图 4-9 事故现场二

💡**直接原因**

吊装作业违章使用了打结且缺一股的钢丝绳套，导致钢丝绳抗拉强度降低，吊车在提升时钢丝绳突然被拉断，球形高架罐迅速坠落。

💡**间接原因**

（1）吊车司机违反"十不吊"规定，在被吊的球形高架罐上、下均有作业人员的情况下违章实施起吊。

（2）指挥人员违反吊物下严禁站人的规定，在人员未离开球形高架罐底的情况下，仍然指挥吊车起吊。

（3）高架油箱存在结构设计缺陷，致使吊装球形高架罐时，作业人员必须在罐下部安装支撑杆，致使作业人员处在危险区域内。

（4）吊车摆放位置不当，致使吊车司机操作时，无法看清球形高架罐和到位挡板之间的距离，影响了司机的操作准确性。

（5）未对吊索、吊具进行认真的检查，未进行风险识别且未制订风险控制措施，盲目施工。

⚠️**案例警示**

（1）应严格执行吊装作业规定，现场人员要注意自己的站位和周边空间是否存在风险。

（2）必须进行工作前安全分析，对设备配套过程中存在的风险进行全面识别，制订风险控制措施。

（3）起重作业时，任何人不得在悬挂的货物下工作、站立、行走，不得随同货物或起重机械升降。

3. 20200417 修井作业起重伤害事故

2020 年 4 月 17 日，某油田井下分公司工具厂井控车间在进行防喷器试压作业时，发生起重伤害事故，造成 1 人死亡。

📤 事故经过

2020 年 4 月 17 日 9∶05，某油田井下分公司工具厂井控车间在进行防喷器试压作业过程中，桥式起重机大钩钢丝绳提升过程中，挂住防喷器上部平衡阀，引起防喷器倾倒，砸中在防喷器一侧作业的人员，经抢救无效死亡。

💡 直接原因

桥式起重机大钩钢丝绳提升过程中，挂住防喷器上部平衡阀，引起防喷器倾倒，砸中在防喷器一侧作业的人员。

💡 间接原因

（1）岗位责任界面不清晰，对违章行为监管不力，在管汇班班长不具备起重指挥特种设备作业人员资格的情况下，违章指派其作为起重指挥。

（2）规章制度执行不严格、风险防控措施落实不到位，对生产服务保障单位的安全管理重视不够。

（3）管理人员和现场作业人员对安全风险未有效识别，对防喷器试压测试缺少固定卡箍的风险隐患未采取有效的防控措施。

⚠️ 案例警示

（1）进行工作前安全分析，辨识每个操作步骤、设备存在的风险和隐患，落实防范措施。

（2）严禁违章指挥和违章操作。

（3）加强对基层人员进行规章制度的教育培训。

三、采油作业

20031113 抽油机维修作业起重伤害事故

2003 年 11 月 13 日，某油田公司采油队在执行换抽油机中轴任务的过程中，游梁突然滑落，发生起重伤害事故，造成 1 人死亡（图 4-10）。

图 4-10　事故示意

📝事故经过

2003 年 11 月 13 日，某油田公司采油队维修班 A 某、B 某等 4 人到某井执行换抽油机中轴任务。在井场施工换中轴螺栓时，由吊车吊起的游梁突然滑落，将站在抽油机右侧的 B 某夹在游梁与三角架之间，造成 B 某死亡。

💡直接原因

吊车故障，吊车吊起的游梁突然滑落，将站在抽油机右侧的 B 某夹在游梁与三角架之间，造成 B 某死亡。

💡间接原因

（1）吊车操作规程规定，在吊车起重臂及吊件下面不许有人。而在更换中轴过程中，操作人员 B 某正好在游梁下侧工作。

（2）按照抽油机维修保养规程，在更换中轴过程中，应将游梁、驴头及连杆一起吊到地面，然后更换中轴。但操作工为了省时省事，在更换中轴过程中，没有按操作规程将游梁、驴头及连杆吊至空地放下。

⚠️案例警示

（1）作业前，对作业环境和作业过程进行危害因素辨识，制订预防控制措施，并传达给所有作业参与人。

（2）严格执行抽油机维修操作的各项安全操作规程，严禁违规操作。

（3）起重作业时，起重臂下和工作半径内（吊物最外一点与吊臂旋转中心的距离）区域禁止站人。

（4）吊装前，吊装物应装设牵引绳，以控制吊物在吊装过程中的平衡。

（5）严格执行吊装作业"十不吊"要求。

四、工程建设

1. 20040618 吊管作业起重伤害事故

2004 年 6 月 18 日，某石油勘探局作业机组在进行管道布管作业时，发生起重伤害事故，造成 1 人死亡。

📝事故经过

2004 年 6 月 18 日，某石油勘探局作业机组采用 70t 吊管机进行布管作业，吊管机侧面吊管时因重心在后侧，正向行驶时容易倾翻，且驾驶员观察视线存在盲区。因此，施工前经研究决定，吊管机采用倒向行驶的方式吊管。

为防止行驶过程中，吊管晃动撞击吊臂或旁边的山体，破坏管线及管壁防腐层，在吊起的管线两端捆绑牵引绳，分别由 1 名作业人员操作。吊管机倒向行驶 70m 左右时，

图 4-11 事故现场图片

在吊管机倒向行驶方向手持牵引绳的 1 名作业人员摔倒，未被及时发现，被吊管机履带碾压致死。

☀ 直接原因

作业人员被凹凸不平的地面绊倒，被吊管机履带碾压（图 4-11）。

☀ 间接原因

（1）作业地带狭窄，活动区域小。

作业地带为山地断沟带，起伏坡度在 20° 左右，坡长约 260m，一侧为管沟，一侧为山丘，作业带通道狭窄（宽度约 4.6～4.7m），作业人员绊倒后，吊管机正好行驶至作业地带最窄处，无法避开吊管机的行进路线。

（2）牵引绳较短。

针对特殊管线 8m 长短管（唯一一根），没有考虑使用增长牵引绳，手持牵引绳的作业人员与管线侧的安全距离不足 1m，倒地后无法及时爬起躲避。

（3）吊管机操作手视听受限。

一是视觉受限，吊管机上坡倒行，操作手视线被后侧油箱吊架支撑等物体的阻挡，无法及时发现跌入后面视线盲区的作业人员。

二是听力受限，吊管机上坡倒行时马力加大，发动机噪声较大，操作手无法听清作业人员跌倒后的呼喊。

操作手在回头观望视角与听觉处于障碍的情况下，没有依照操作规程采取必要的安全防范措施加以预防控制。

（4）安全措施存在缺陷。

虽然设置了监护人员，但数量不足，因吊管机行进的通道非常狭窄，监护人员只能不断观察监护吊管机前后两侧的作业人员和作业环境，无法全时监护前后两侧的作业人员，也没有采取有效措施对作业安全环境进行监护。

⚠ 案例警示

（1）作业前，应进行工作前安全分析，针对具体施工段，分析作业内容、作业环境、设备安全、防护设施、施工方案、监督管理等各环节存在的风险。本次施工中，识别出了吊管机倾翻、管线晃动打击等作业风险，采取了设置监护人员、吊管机倒行吊管、设置牵引绳等作业措施，但忽视了作业措施所带来的牵引绳短、上坡时作业人员跌倒等新增风险。

（2）风险管控措施必须注意工作细节，应明确牵引绳种类与长度、操作人员行走标准、安全监护人的设置、作息时间管理与控制、两人以上作业时的相互监护等内容。

（3）针对视听受限的实际情况，应完善作业设备设施，配置对讲机、扩音器、口哨等警示信号联络设施。

2. 20100820 吊管作业起重伤害事故

2010 年 8 月 20 日，某油田建设公司发生了起重伤害事故，造成 1 人死亡。

事故经过

2010 年 8 月 20 日，某油田建设公司安装机组副机组长安排吊管机操作手和一名起重工进行吊管作业，指派一名力工在沟上进行安全监护。副机组长领着另一名力工到沟下做组对准备工作。

5：40，当吊管机行走至预定位置，吊管机操作手准备停车时，发现吊管机刹车失效，吊管机和所吊管子沿斜坡逐步加快下滑，操作手采取脚刹及断油断电自动刹车两种方式均无法停车，吊管机继续下滑，随吊管机下滑的管子撞击副机组长后，将副机组长挤在两个管口之间，头部严重受创，抢救无效死亡（图 4-12）。

图 4-12　事故现场

直接原因

吊管机停车失效后，发生下滑，吊管的管口将副机组长撞击、挤压到固定管管口，致使副机组长头部挤压死亡。

间接原因

（1）施工人员违章作业，站位错误，违反了施工单位管道线路施工 HSE 作业指导书中"管口端部严禁用手指接触，应站在管口两侧进行组对作业"的规定。

（2）施工环境存在不安全因素，作业带地面使用开挖出的砂质泥岩铺垫，因前一天下午有强降雨，地面较为湿滑。

（3）吊管机操作不当，行驶过快，当吊管机下行至变坡点时，吊索下吊运的管线（高达 8m）摆动，瞬间向下产生了较大冲力，刹车失效后，操作手遇到紧急情况，没有采取有效的警示等措施，作业人员失去了躲避的机会。

⚠️ 案例警示

（1）作业前，应进行工作前安全分析，应考虑下坡、雨天等地理位置、地理条件、季节气候等存在的特殊风险。

（2）进行吊装、受限空间等危险作业时，非生产、施工必需，应尽量避免交叉作业，确需实施交叉作业的，应结合不同作业的工序和特点，联合开展工作前安全分析，办理作业许可，设置现场负责人、监督监护等人员，协调好交叉作业的各项工作。

（3）加强施工现场的协调与沟通，明确、清晰各类预警信号。如，管道施工采用长短不同哨声、嘈杂环境采用旗语、光线较暗的现场采用灯光或几种方式结合的预警信号进行指挥和沟通，确保信息传达准确有效。

3. 20100617 吊装油罐壁起重伤害事故

2010 年 6 月 17 日，某建设工程项目部在吊装油罐壁围板过程中，发生起重伤害事故，造成 2 人死亡。

📋 事故经过

2010 年 6 月 17 日，某建设工程项目部施工人员，使用液压履带式起重机，吊装 $15 \times 10^4 m^3$ 油罐壁围板。

17：40，在将第 6 圈第 10 张罐板吊起到第 5 圈罐板上方，准备校准位置时，起重机所吊钢板与吊钩瞬间突然下落，将第 5 圈作业平台（距罐底浮船 15m）局部砸落，作业平台上的 2 名铆工随着平台一起摔至浮船上，经抢救无效死亡（图 4-13 至图 4-16）。

图 4-13 作业过程搭设的操作平台（一）　图 4-14 作业过程搭设的操作平台（二）

图 4-15 操作平台固定用的三角支撑

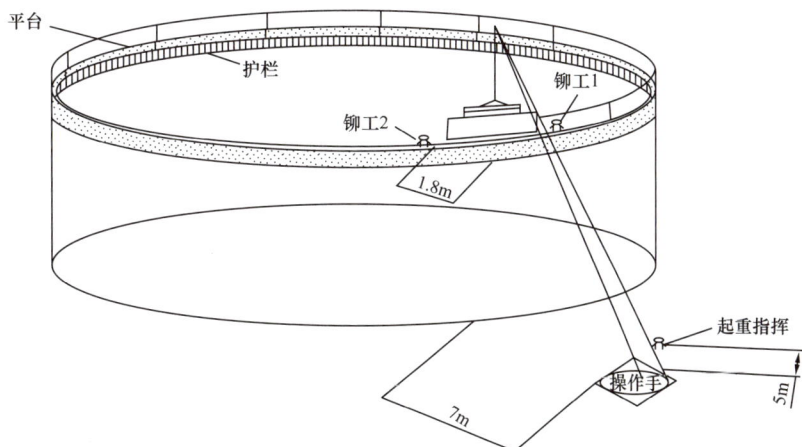

图 4-16　作业现场人员、设备位置图

🔆直接原因

吊装的罐壁板砸落作业平台使 2 人摔下，导致颅脑受重伤死亡。

🔆间接原因

（1）起重机正常起吊等待调整吊装物位置过程中，起重机液压机构突然泄压，致使吊装物与吊钩瞬间下滑，砸落作业平台。

（2）作业面上的 2 名施工人员安全带悬挂在作业平台上，作业平台被砸落时，将 2 名施工人员拉拽、坠落到 15m 下的油罐浮船上。

⚠案例警示

（1）应加强起重设备的使用和维保管理。

（2）安全带固定点的选择和悬挂方式上，要考虑到可能存在的特殊意外事件，采取相对独立的固定点。

（3）进行工作前安全分析时，应充分辨识设备故障等特殊风险，评估设备失效所带来的风险。

4. 20130618 吊装钢梁起重伤害事故

2013 年 6 月 18 日，某建设公司工程处某队在一项目部预制场内，发生起重伤害事故，造成 1 人死亡。

📑事故经过

2013 年 6 月 18 日上午，某建设公司工程处某队安全员兼材料员 A 某与外租公司的平板车司机、吊车司机、吊车随车起重工等人，将预制场北门口的三根钢梁吊装到板车上，用板车一侧槽钢立柱垫在钢梁下，吊装完成后，他们又将一件钢平台吊装放在平板车上，A 某站在板车左侧指挥吊装钢平台，吊装过程中，装在板车上最左侧的一根钢梁滑落，A 某躲闪不及，被压在钢梁下，经抢救无效死亡（图 4-17）。

💡直接原因

钢梁从平板车上滑脱，造成人体腹部挤压伤害致死。

💡间接原因

（1）起重工违规装载，对已吊装到平板车上的钢梁和钢平台未采取紧固和防滑措施，并违规将板车一侧的防护立柱槽钢拆掉垫在钢梁下。

平板车司机在起重工拆除立柱、未采取紧固和防滑措施的情况下没有制止，继续装车。

图4-17 事故现场

（2）起重工没有按照操作规程进行起重作业，没有设置警戒线。

（3）A某作为安全员兼材料员，没有履行安全监督职责，违规进入吊装区域参与起重作业。

⚠️案例警示

（1）开展吊装作业时，应办理相关的作业许可手续，落实作业安全防护措施。

（2）作业前，应进行工作前安全分析，分析吊装过程中的风险，分析连续吊装时，不同吊装物摆放时的风险。对拉运、装载的设备设施，应采取紧固和防滑措施。

（3）承包商施工作业，应分清建设方、承包商的 HSE 职责和工作界面，避免违章指挥、违章操作。

（4）对承包商人员应进行培训、开展施工作业前能力准入评估，不合格禁止其上岗作业。

（5）建设单位应落实属地监督职责，制止承包商员工违章作业，及时将严重违章的施工作业人员清出施工现场并纳入"黑名单"。

5. 20170606 管托安装起重伤害事故

2017年6月6日，某建筑安装工程劳务有限公司在进行管托安装作业过程中，发生起重伤害事故，造成1人死亡。

📝 事故经过

2017年6月6日19：00左右，某建筑安装工程劳务有限公司A某（班长）班组在轻烃回收厂3A管廊与6#管廊交界处进行DN600管托安装作业，在DN600管道处于吊装（8m、5t、两根）状态下，配合工B某在管道下方安装管托时，吊带突然发生断裂，吊带U形扣反弹，砸中B某头部。据现场急救医疗人员初步诊断为头部重伤，经抢救无效死亡。

💡 直接原因

配合工B某在管道下方安装管托时，吊带突然发生断裂，吊带U形扣反弹，砸中B某头部（图4-18）。

在起吊管道安装支架过程中

使用了低于管线起吊荷载的吊带

没有离开危险区域

图 4-18 事故模拟

📝 间接原因

（1）安全风险识别不到位，未识别所用吊索具承载能力是否满足吊装要求，吊带是否完好。

（2）作业站位不正确，作业人员应偏离最大反弹半径。

（1）劳务分包管理有缺陷。未向工艺队派驻管理人员，本该由项目部管控的施工进度、质量、安全等工作，全部由工艺队管理，缺乏对劳务关键岗位人员的有效控制措施。

（2）施工监管不到位。未对工艺队执行工艺管道安装方案进行有效监管，未落实"先安装支架、再焊接工艺管道"的要求，未制止在管道支架没有安装的情况下进行管道连头焊接作业。

（3）变更管理不到位。未履行变更审批手续，即将工艺管道安装方案中"先安装支架，后焊接工艺管道"变更为"先焊接工艺管道、目安装支架"；违反设计在管道承载方式下安装支架。

（4）风险管理不到位。监管人员未识别出管道与地面设备连头后，起吊管道安装支架，存在的安全风险及对工艺管道质量带来的影响；对新入场劳务分包人员给作业带来的风险识别不全。

6. 20200514 吊装作业起重伤害事故

2020年5月14日，某公司劳务分包人员在储罐罐壁进行小车吊装作业时，发生起重伤害事故，造成1人死亡。

📋 事故经过

2020年5月14日12:50，某公司劳务分包人员在进行挂罐壁小车吊装作业时，发生起重伤害事故，造成1人死亡。

💡 直接原因

挂罐壁小车下放触地后，吊钩继续下放，小车在自身重力作用下倾斜带动钢丝绳一端绳套脱钩砸中作业人员。

💡 间接原因

（1）吊装作业许可管理流于形式，吊装作业管理制度不落实。

（2）风险辨识管控不到位，未有效管控吊装作业风险。

（3）现场管理混乱，违反工艺和劳动纪律，作业劳务分包管理不到位，管理人员直线责任未落实，现场人员属地责任未履行。

⚠️ 案例警示

（1）严格执行吊装作业许可制度。

（2）强化施工现场风险辨识和防范措施落实。

（3）强化现场安全管理。

五、其他行业

1. 20131223 装车作业起重伤害事故

2013 年 12 月 23 日，某油田一装备制造厂房吊装抽油机支架过程中，发生起重伤害事故，造成 1 人死亡。

📇事故经过

2013 年 12 月 23 日，在某油田一装备制造组装厂房内，起重司机 A 某、加工班班长 B 某与现场调度 C 某将抽油机支架吊装到卡车上。

C 某在地面用自制吊钩挂在支架的两个起吊点上，向 A 某发出起吊信号，B 某站在卡车车厢上指挥吊物向车厢前部移动并下落。下落过程中，支架一侧底板碰到车厢前部内侧的车厢板上，吊钩脱钩，支架倾覆，将站在车厢内的 B 某砸伤，经抢救无效死亡（图 4-19）。

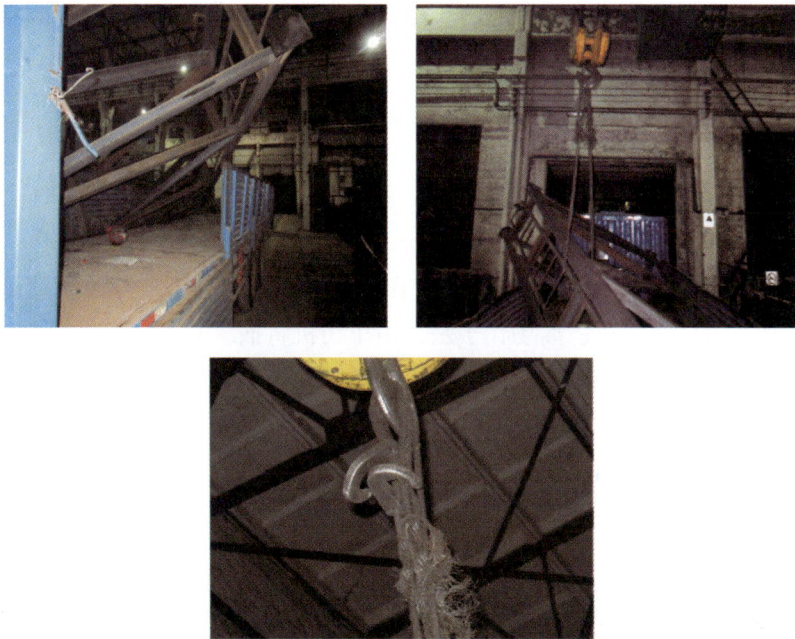

图 4-19　事故现场

💡直接原因

吊装支架在车厢上方下落过程中，支架一侧底板碰到车厢前部内侧的车厢板上，导致吊钩脱钩，支架倾覆撞击在毕某右肩背部。

💡间接原因

（1）B 某在起重作业过程中指挥不规范。

吊物在未下降到应有高度时，即发出前移、下落信号，致使支架一侧底板碰到车厢前部内侧的车厢板上，造成掉物脱钩倾覆。

（2）B某站位不合理，与吊物没有保持安全距离。

（3）自制吊钩存在缺陷。为了吊装抽油机支架方便，自制了简易吊装钩，这种简易吊装钩没有自锁保护，也不能固定在支架上，容易造成吊钩脱钩。

（4）卡车停放位置不合理。卡车停放地点正好位于吊车驾驶室下方，造成吊车司机视觉存在盲区。

（5）吊装牵引方式选择不当。吊装大型构件时，未使用牵引杆或牵引绳。

⚠ 案例警示

（1）合理组织作业活动，人员站位、工件的摆放位置、车辆的停放位置等要求必须有明确的规定和告知。

（2）吊装大型工件时，应使用牵引杆或牵引绳等辅助设施。

（3）起吊作业时，所有人员必须在2m以外，待物件吊起平稳后方可指挥移动。

（4）识别起重作业指挥、吊装大型工件过程中的作业风险，制订风险控制措施。

2. 20131223 吊装管具起重伤害事故

2013年12月23日，某勘探公司作业队在吊装管具过程中，发生起重伤害事故，造成1人死亡。

📇 事故经过

2013年12月23日，在吊货作业时，吊车司机看到在准备放货的货篮处有两个人离开，他误认为该区域人员已离场，于是，吊车司机将捆绑好的货物吊起，移送到吊篮的空位处。吊场的固定结构挡住了吊车司机的部分视线，而此时有两名工人正在检查设备，一个在货篮外面，另一个在货篮里面，当货物下放时，篮子里的工人来不及反应，被货物压住，导致死亡（图4-20）。

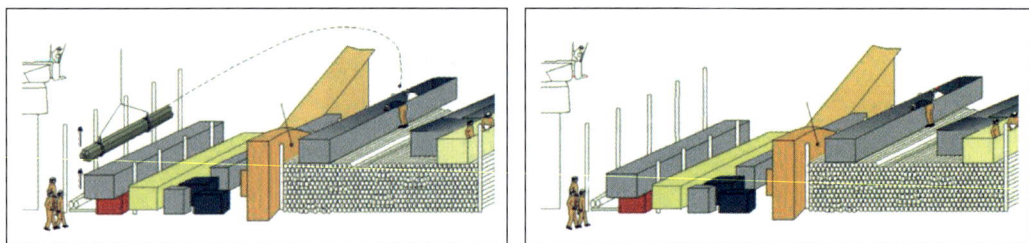

图 4-20 事故模拟

💡 直接原因

吊车司机在没有确认的情况下，放下吊物，而货篮里的人员发现异常没能来得及躲闪，被吊物压死。

🔅 间接原因

（1）吊车司机在视线不良的情况下作业。

（2）地面人员没有检查货物摆放场地，没有进行清场就开始吊装作业。

（3）没有吊装指挥员，没有系上尾绳控制货物的转动。

⚠ 案例警示

（1）吊装作业区域视线不良时，严禁作业。

（2）必须有信号员指挥，严禁把货物摆放到盲区中。

（3）必须使用尾绳控制货物的转动，避免来不及反应。

（4）工作半径范围内严禁站人。

第五部分

火灾和爆炸事故典型案例

在生产经营场所发生的、失去控制并对财物和人身造成损害的燃烧现象称为火灾；由于意外发生了突发性大量能量的释放，并伴有强烈的冲击波、高温高压的事故称为爆炸事故，包括火药爆炸、压力容器爆炸、油气管道爆炸、锅炉爆炸等。火灾和爆炸事故多发生在采油作业、工程建设领域，具有群死群伤的特征。

火灾和爆炸事故在设备设施检维修施工中较为多发，本部分共收集火灾爆炸典型案例32起，其中钻井工程4起、井下作业5起、采油作业12起、工程建设7起、其他行业4起。主要原因一是物料反应失控；二是人为误操作和管理不善；三是环境因素的不良影响；四是安全设施的不安全性保障。事故共导致225人死亡，85人不同程度受伤。

为了防范事故发生，作业前应充分辨识出作业活动、作业现场存在的风险，落实风险控制措施；强化承包商管理，加强施工质量和施工安全；认真开展现场安全检查，高风险施工实行专业人员旁站监督检查；加强岗位员工防火防爆安全教育培训，认真识别岗位安全风险并熟练掌握。

一、钻井工程

1.19880706 帕玻尔—阿尔法钻井平台事故

1988年7月6日，欧洲北海英国大陆架发生了帕玻尔—阿尔法钻井平台事故，167人死亡，经济损失近3亿美元。

📋 事故经过

一个正在维修已拆下安全阀的泵被当作备用泵启动，液化石油气从堵板处泄漏，引起爆炸。这只是一次小型爆炸，平台上的工作模块防火墙可以隔离大火。

但是，能够承受住高温的工作模块防火墙却不能经住爆炸的冲击力，碎片撞断了一根天然气管道，引发了第二次爆炸，大火的高温熔断了输送管道，导致原油泄漏。

燃烧的原油淌进网格式潜水平台，本来事故到此可以缩小，着火的原油由此流进大海。却不料工作人员觉得网格平台硌脚，在上面大面积铺设了一层厚厚的脚垫，漏下的原油堆积在脚垫上，原油不能流进大海，上窜的火苗炙烤另一根高压天然气输出管，引起更大的爆炸和火势，灭顶之灾发生了（图 5-1）。

图 5-1 事故现场

💡 直接原因

凝析油泄漏引起爆炸。

💡 间接原因

（1）当夜交接班中交接不清，操作人员不知安全阀已卸掉。

（2）对于需要维修且不能安全投入使用的设备又再次使用。

（3）在执行工作许可制度中出了差错，未能遵守已列出的程序。

⚠ 案例警示

1988 年帕玻尔—阿尔法平台事故后，英国能源大臣卡伦爵士领导的政府检查组，对事故进行了全面详尽的调查，做出了结论性意见，并提出了他们的 106 条建议。

卡伦指出"关于近年来重大事故的调查报告已表明，这些危险都是大型组织机构在安全管理上的严重失误造成的"。

对危害的识别或确认，对危害的评估，对危害的控制措施和一旦危害酿成事故如何限制其影响及如何恢复运行，事后行为和事前行为虽然各自功能不同，但二者不可偏废，在日常生产中首先是防止事故的工作，而一旦发生事故后，则是认真地对待和处理好事故。

2. 2010墨西哥湾漏油事故

英国石油公司所租用的一个名为深水地平线（Deepwater Horizon）的深海钻油平台发生井喷并爆炸，大约36h后沉入墨西哥湾，导致漏油事故。从2010年4月20日到7月15日之间，大约共泄漏了320×10^4bbl石油。导致至少2500km²的海水被石油覆盖。意外导致了11名工作人员死亡及17人受伤。

📋 **事故经过**

2010年4月20日夜间，位于墨西哥湾的"深水地平线"钻井平台发生爆炸并引发大火。

2010年6月23日美国墨西哥湾原油泄漏事故再次恶化，原本用来控制漏油点的水下装置因发生故障而被拆下修理，滚滚原油在被部分压制了数周后，重新喷涌而出，继续污染墨西哥湾广大海域（图5-2）。

图5-2 事故现场

💡 **直接原因**

（1）在固井过程中，因水泥浆设计、水泥充填、候凝时间、固井质量测试和水泥环风险评估等环节存在缺陷，造成固井质量不合格，套管外环空水泥环未能有效封隔油气层，地层流体突破了水泥环。

（2）井底套管鞋内水泥凝固、套管鞋浮箍单向阀关闭存在缺陷，套管鞋未能有效的阻隔油气，导致地层流体突破套管鞋进入到套管内环空。

💡**间接原因**

（1）该井施工进度比原计划推后了大约6周，为了赶工期，没有按规定测试固井质量曲线，超越程序进行下一步作业，没有及时发现固井质量缺陷；为了赶工期水泥浆候凝16.5h就用海水替浆。

（2）在采用负试压验证固井质量时，使用较轻的海水（密度1.03g/cm³）替换套管内环空钻井液（密度1.09g/cm³），使油井处于不可控的负压状态；同时对负试压时的压力读数和体积流量判断失误，误认为测试成功，未能发现地层流体与井筒存在联通性。

（3）BP公司（油公司，甲方）和越洋公司（钻井公司，乙方）在讨论打水泥塞封井施工方案时产生分歧。经过协商，最终采用BP公司的意见，先用海水替换钻井液后再打水泥塞。如果采用先打水泥塞封井，然后用海水替浆，就不会破坏套管内压力平衡。

（4）据录井和负试压资料分析，在替浆时已经发生溢流，但现场人员没有发现，错误地继续循环。大约40min后，油气穿过防喷器进入隔水管，钻工们才开始采取关井措施，错过了关闭防喷器的最佳时机。

（5）关闭环形防喷器时油气导流不当，造成事故迅速升级。操作人员没有将喷出的油气通过平台右侧的分流管放空，而是导向液气分离器，并通过分离器上的12in鹅管喷向钻台，与点火源接触立即发生了爆炸。从井喷到第一次爆炸只有8min，现场人员来不及采取下一步措施。

（6）防喷器应急模式失效。该井安装的卡梅隆公司生产的防喷器组合有3种应急模式：应急解脱程序、自动功能模式、水下机器人启动剪切功能。但这三种应急模式在封堵油井过程中都失败了，这里没有证据得出应急模式失效的准确原因。根据BP的事故调查报告表明，钻井公司在防喷器测试、维护和管理方面存在缺陷。

⚠️**案例警示**

（1）加大监督力度，确保各项安全生产措施能够严格落实到位，减少能够诱发突发污染灾害事件的隐患。

（2）加强安全生产措施的落实，通过自检、自查，减少正常生产造成的石油泄漏，排除安全隐患，严防突发石油泄漏污染事故的发生。

（3）做好污染事故应对的应急预案，并开展全面演练。

（4）考虑开采活动对海洋生物、海洋水体、大气、地质等各方面因素的影响，完善海上油气开发工程环境影响评价制度，切实加强污染事故或自然灾害造成的生态环境风险评价。

（5）企业在日常工作中，应该全面、深入地考虑各生产环节，切实将安全生产理念和措施落实到生产中，将环境安全作为安全生产的重要组成部分，减少环境突发事件的发生。

3. 20121014 恢复井场地貌作业火灾事故

2012 年 10 月 14 日，某钻井公司在一油田公司某井恢复井场地貌过程中，推土机将单井管线推裂，导致油气泄漏闪爆，引发火灾事故，造成 1 人死亡。

事故经过

2012 年 10 月 14 日，施工现场负责人 A 某安排两名员工清理井场西侧土方平整工作，安排 B 某驾推土机在井场西南侧恢复地貌推土作业。

12：20 左右，B 某驾驶推土机往坡下推土过程中，意外地将一条埋地输油管线推裂，造成管线内油气混合物急剧泄漏，随后被推土机排气管引燃发生闪爆并着火。

B 某从驾驶室右门跳出，掉入推土机右侧履带前部与推板之间。A 某等用灭火器进行施救，由于火势猛，施救无效。

13：45，消防人员将 B 某从推土机推板处找到，B 某已死亡。

直接原因

施工单位在地貌恢复作业过程中，误认为推土区域没有埋地油气管线的情况下进行推土作业，将单井输油管线推裂，致使油气急剧泄漏，被推土机排气管引燃发生闪爆着火。

间接原因

（1）施工单位现场施工人员在没看到该井输油管线走向明显标识的情况下，没有向建设单位主管部门确认管线走向，导致判断失误。

（2）铺设的输油管线填埋后在井场内外及管线沿线的地面上没有按规定做任何标识。

案例警示

（1）作业前，充分辨识出作业活动、作业现场存在的风险。

（2）作业前应明确地下油管线勘查和确认的具体步骤、流程。地下油管线勘查和确认由建设单位、施工单位共同进行。

（3）对地下油气管线勘查和确认要办理作业许可，经建设单位审批确认、批准。

（4）将地貌恢复作业纳入动土作业管理，严格审批把关和监督管理。

（5）建设单位应履行属地职责，派人进行现场监督检查，对进入属地的相关人员及时进行风险告知。

（6）建设单位要对埋地管线、电缆等在地面做出明确标识。

4. 20140811 固井施工火灾事故

2014 年 8 月 11 日，某钻探公司钻井队，在准备进行固井施工过程中，发生油气闪爆着火。着火区域主要集中在排污池和井口附近，事故没有造成人员伤亡和环境污染。

📈 事故经过

8月11日13:30，该井下入 ϕ139.7mm 油层套管 3449.80m。由于本井采用芯轴式套管头，芯轴式套管悬挂器坐在套管头下部本体内，密封了油层套管环空（阻断了循环钻井液通过封井器和节流管汇通道），采取在套管头下本体旁通阀接高压软管至地面排污池进行固井前循环，循环排量 10L/s，循环时间 1.5h。

15:30，钻井队关闭套管头旁通阀进行观察，与固井队协商固井事宜。

16:30，固井队接好固井管线进行例行检查时，固井工程师发现停泵后高压软管出口有溢流并有油花，为保证固井质量和井控安全，要求钻井队先循环压稳井然后再固井，钻井队不同意。由于双方意见不一致，钻井队向六厂项目组报告有油气侵，项目组主管钻井的副经理决定先循环压稳井后再固井，并要求钻井副总监落实。钻井队因现场储备加重材料不够，关闭套管头旁通阀准备配浆。

18:30，加重材料到井后，钻井队配制密度为 1.18g/cm³ 的钻井液 70m³。

19:00，钻井队打开套管头旁通阀，单阀排量 10L/s 循环至 21:00，注入 60m³ 钻井液，停泵观察，出口依然有溢流。随后，继续配制密度 1.18g/cm³ 钻井液 35m³。

21:37，钻井队开泵循环。

21:40，距井口 15m 左右的排污池发生油气闪爆着火，着火范围为排污池。着火后司钻停泵紧急撤离井场，其他人员全部跑出井场。

23:40，火焰顺高压软管燃烧至距井口 8m 左右。

8月12日2:00，火焰燃烧至井口，火焰高 15m 左右；3:30 井架倒塌。17:30，进行现场灭火降温，火焰扑灭（图5-3）。

图5-3　事故现场

💡 直接原因

该井在下完油层套管循环钻井液过程中，井内返出的钻井液直接排放到排污池，钻井液中含有的烃类混合物和伴生气在排污池聚集一定浓度闪爆着火，引燃排污池表面的油气混合物，火焰从排污池顺高压软管燃烧至井口，导致井架坍塌损毁。

💡 间接原因

（1）钻井队在完井作业过程中，钻井液循环不充分，导致地层油气侵入井筒，形成溢流。

（2）循环压井时间滞后，导致油气运移并聚集在井口附近。11日井口出现溢流后，因井场加重材料储备不足，钻井队关闭了循环通道3h左右，致使侵入井筒的油气上窜并聚集。

（3）油气混合物高速喷出，在高压软管出口处爆燃，引起排污池起火。

⚠️ 案例警示

（1）钻开油气层和完井作业阶段按照要求进行短程起下钻、低泵冲试验。

（2）钻井队在完井作业期间，按照井控要求对全井段认真通井和循环，建立井内压力平衡。

（3）提高钻井人员业务素质，分清气侵与溢流的区别，提高气侵及溢流的处理手段及能力。

（4）下完套管循环出现溢流后，应上提套管柱，畅通环空通道，关闭封井器和套管头旁通阀，通过节流管汇节流循环压井，防止井涌。

（5）监督人员在处理复杂情况、应对突发事件等方面，监督责任落实要到位。

二、井下作业

1. 514修井作业火灾爆炸事故

某年5月14日，某作业队在某井进行起油管作业过程中，发生一起火灾爆炸事故，造成多人伤亡。

📋 事故经过

某年5月13日，某作业队在某井进行起油管作业。当起出油管时，油套环形空间溢流出水。队长当即通知当班人员安装井口，做压井准备。5月14日0：10，在安装井口过程中，井口突然涌出油气水混合物，井场突然发生爆炸。现场施工人员被烧伤致死，1名当地村民被烧伤。

💡 直接原因

（1）在起油管过程中，未按照施工设计要求安装防喷器，未向井筒灌注合适的压井液，使井内喷出物中天然气遇到修井机高温刹车片引起爆炸，是导致事故发生的直接原因。

（2）村民在井场周围强行建房、在施工现场强行拾落地油，是导致事故受伤人员增加的直接原因。

🔆间接原因

（1）作业开工验收不合格，没有及时纠正未装防喷器的违章行为；制订的应急预案缺乏针对性，预见性不强；应急处置不当，当高含天然气的油气混合物喷出时，在没有安全保障条件下抢井口。

（2）地质设计没有提供本井原始地层压力、油气比、产气量等数据；工程设计没有提出动管柱前洗井工序；没有给施工单位提供符合安全条件的主要场所，开工验收关不严。

（3）职能部门及主管领导监督管理存在一定薄弱环节，对作业场所监督不到位，对各项井控、防火防爆制度、标准、规程落实不力。

⚠案例警示

（1）甲方单位作业监督应严格按照井下作业井控管理规定进行开工把关验收；地质设计审批应严格把关，在设计中不能留下隐患。

（2）施工作业单位应落实井控责任制，应对各项井控、防火防爆制度、标准、规程加强落实。应向井筒内灌注适合的压井液。

（3）企业应对作业井控进行安全管理。井控设计、现场设备安装验收、施工过程严格控制预监督、紧急情况下应急处置等各环节都不得存在缺陷和问题，时刻给安全作业敲响警钟。

2. 619 射孔作业火灾事故

某年 6 月 19 日，某作业队在某油田某井进行射孔作业过程中，发生一起火灾事故，未造成人员伤亡。

📈事故经过

某年 6 月 19 日，某作业队在某油田某井进行补孔、下电缆作业。射孔后起电缆的过程中，发现电缆有失重现象，随即井内电缆和射孔枪被油气喷出，撞击抽油机驴头产生火花，引燃油气发生火灾。经过近 11h 的紧急处理，扑灭了火灾，成功实施了压井和换装井口作业，未造成人员伤亡。

🔆直接原因

射孔枪被油气喷出井口，撞击抽油机产生火花，是导致事故发生的直接原因。

🔆间接原因

（1）对复杂油气地层认识不够，制订的射孔方案和井控设施与油层不符。

（2）甲方监督检查不到位，乙方应急处置不力。

⚙预防措施

（1）执行的方案必须与实际情况相吻合，同时严把设计审批关。

（2）推行 HSE 管理，做好危险识别与风险评价，制订好各类事故的应急处理措施。

（3）作业过程严格落实井下作业井控细则要求。

3. 20091203 测试作业爆炸事故

2009 年 12 月 3 日，某油田某作业区在对油井采用气举降液面和空爆弹作为声源测液面的联合测试作业过程中，发生一起爆炸事故，造成 3 人死亡，1 人重伤，4 人轻伤。

📑 事故经过

2009 年 11 月 28 日，某石油开发公司安排对某井进行调层作业，由某工程技术处作业队进行施工。当日洗井作业后起原井管柱。12 月 1 日，注水泥封堵原产层。12 月 2 日，探灰面、试压合格。12 月 3 日 19：50，在气举降液面后采用回声仪测液面时，井筒外游离天然气渗入套管内，与井内空气混合，回声仪测液面时空爆弹击发，引爆井筒内达到爆炸极限的天然气和空气的混合气体，发生油井爆炸，造成 3 人死亡，1 人重伤，4 人轻伤。

💡 直接原因

油井气举降液面和空爆弹作为声源测液面的联合作业中，套管外游离天然气进入套管内，在空爆弹击发时发生爆炸。

💡 间接原因

该井方案设计时，井史资料收集不全，没有考虑井下生产环境的复杂性、本井有套管补贴及邻井天然气上窜的可能性；施工过程中发现有套管补贴，变更设计时没有考虑套管补贴段有天然气进入井筒的可能性，没有考虑到组合工艺系统的安全性；设计、审核、审批层层把关不严。

⚠ 案例警示

（1）强化施工作业方案设计，从源头上杜绝安全隐患。
（2）突出生产现场控制，切实加强施工作业安全管理。
（3）健全完善技术操作规程，保障施工作业安全。

4. 20121209 油层解堵作业爆炸事故

2012 年 12 月 9 日，某油田公司一采油厂在进行油层解堵作业过程中，发生一起爆炸事故，造成 1 人死亡。

📑 事故经过

2012 年 12 月 8 日，某井下作业公司在某采油厂进行油层解堵作业，井下作业公司负责完成下解堵管柱施工任务，承包商公司现场指导化学解堵药剂的配制及挤液作业。

9 日挤液施工结束，共挤 DX-1 溶液 20m³，隔离液 1m³，DX-2 溶液 20m³，顶替液 15m³，泵压 12～24MPa，关井扩散压力至零。井下作业公司技术员 A 某指挥 3 人进行储液罐倒液工作，A某独自向井口方向走去，井口发生爆炸，A某倒在距离井口约4m处，待救护人员到达现场后A某已经死亡。

💡 直接原因

井筒内部发生化学爆炸是事故的直接原因。

（1）该井地下液体含有一定量天然气，在关井压力扩散阶段，随着井筒内部压力降低，地层中的天然气进入油套环形空间，并逐步积聚到一定浓度。

（2）解堵剂DX-2具有强碱性，DX-1溶液中过氧化氢含量为2%及以上，解堵作业过程中双氧水在地下遇强碱、高温铁杂质或硫化亚铁迅速分解，产生氧气并放出大量的热。

（3）天然气和氧气在油套环形空间混合形成了爆炸性气体，并达到了爆炸极限浓度范围，随着温度逐步升高，温度和压力骤然升高，引爆了爆炸性混合气体（图5-4）。

图5-4　事故现场

💡 间接原因

（1）没有对碱性化学解堵技术的可靠性进行认真分析和评价，把20世纪90年代的无专利、无专有技术、无产品标准、仅经两口井试用的不成熟技术在未充分论证的情况下直接引进。

（2）解堵技术提供方利用其他公司资质进入油田公司作业市场，躲避油田公司化学品试用监督程序。

（3）整个解堵作业过程中，缺少相关监督和管理人员现场检查或监督。

（4）工艺设计部门不具备设计资质和能力，解堵工艺设计不完善，设计中未明确解堵作业技术过程的起点和节点，作业合同中规定的安全措施未落实。

（5）在没有进行技术核实及交底的情况下擅自转让资质。

（6）现场未严格执行工艺设计，各方未履行自身应承担的责任。

⚠️ 案例警示

（1）对所有使用的化学品，应索取或制作MSDS，充分了解、评估其可能存在或造成的危害。

（2）应对新引进的解堵技术，执行工艺危害分析管理规定，对涉及新工艺、新技术、新材料、新产品的开发方案，在实施前应进行工艺危害分析、辨识、评估和控制其研究和技术开发过程中的危害，保证其过程的健康、安全和环保，严禁不成熟技术在未详细论证的情况下直接引进。

（3）严禁违反承包商健康安全与环境管理相关规定，违章引入承包商作业队伍。

（4）落实新工艺研发、引进、推广应用的风险评估论证和全过程安全职责。

5. 20131214 修井作业火灾爆炸事故

2013 年 12 月 14 日，某采油厂辖下作业区某修井现场在修井作业过程中，发生一起火灾爆炸事故，致多人死亡。

📤 事故经过

2013 年 12 月 14 日傍晚，某采油厂辖下作业区某修井现场在修井作业过程中，排放的污油产生的油气及伴生气在排污沟内大量混合聚集，井场内进入部分群众抢刮原油，且井场外部还有群众使用明火取暖，致使井场内的爆炸性混合气体达到爆炸浓度上限发生爆燃引发火灾，烧伤多名刮油群众及修井车辆设备。经消防队奋力扑救，火灾于当日 21：00 左右被扑灭。火灾造成多人伤亡，造成部分经济损失，事故影响极大。

💡 直接原因

外部群众安全意识淡薄，对现场存在的危险因素认识不足，在井场外使用明火取暖引爆井场内爆炸性混合气体，是造成这起事故的直接原因。

💡 间接原因

（1）修井现场安全工作第一责任人，没有对现场的安全生产情况做出正确分析判断、组织协调，致使外来人员随意进入作业现场且做出明火取暖的不安全行为。

（2）修井现场安全生产管理工作不到位，放松了对可燃气体的定期定时检测，致使爆炸性混合气体达到的爆炸浓度上限。

（3）修井现场管理不到位，排污沟设置不合理，从而致使大量爆炸性混合气体聚集。

⚠️ 案例警示

（1）做好作业现场风险隐患的辨识工作，对辨识出的隐患加以评估并采取措施降低隐患发生的概率，从根源控制事故的发生。

（2）加强作业现场安全管理，严格控制外来人员进入作业现场及在附近做出的不安全行为。

（3）加强作业现场应急机制迅速反应能力，对现场进行有效的统一指挥和正确处置。

（4）做好作业现场人员安全教育工作，严格落实上级有关规章制度、安全操作规程、安全常识宣贯工作。

三、采油作业

1.20031028 搬运井罐爆炸事故

2003 年 10 月 28 日，某油田公司采油厂注采保运班在搬运单井罐的过程中，发生一起油罐爆炸着火事故，造成死亡 5 人，重伤 1 人，轻伤 1 人。

📤 事故经过

2003 年 10 月 28 日，注采保运班搬迁井罐到井场。大罐摆放就位后，本应将割开的排气管在地面的安全区域内焊接好以后，吊装在两具罐上用法兰进行连接，但班长 A 某指挥先连接法兰后再焊接延伸部分。于是 B 某在维护工 C 某的协助下，先用气焊将排气管的接口割齐后，二人上罐顶。C 某先将靠北边储罐排气管用法兰连接好后，又到南面的储罐上对好法兰并上完螺栓，协助 B 某进行对焊。14：50 左右，正在焊接过程中，油罐发生爆炸着火，5 人在爆炸中死亡，2 人在爆炸中受伤（图 5-5）。

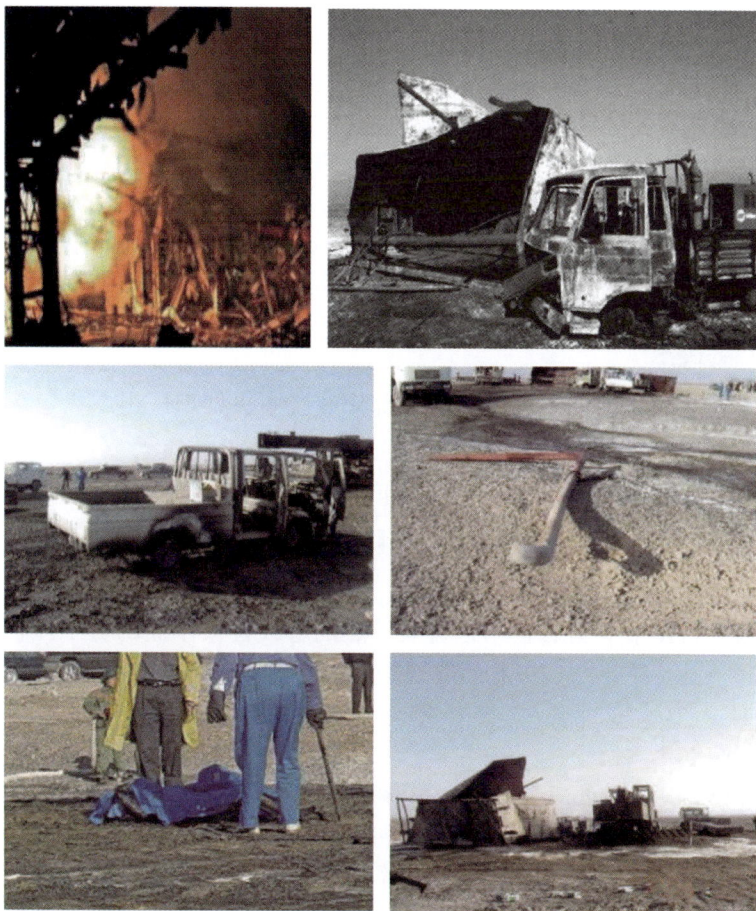

图 5-5 事故现场

🔆 直接原因

将排气管吊装在罐体上用法兰连接好以后焊接排气管的延伸部分，罐内残液形成了爆炸性混合气体，遇焊接明火导致爆炸是事故发生的直接原因。

🔆 间接原因

（1）注采保运班班长 A 在搬迁过程中，未制订详细的动火施工方案，盲目指挥。

（2）现场其他人员同样没有安全意识，对于班长的违章没有认识而盲目服从。

（3）该单位对于动火作业的监督管理薄弱，动火许可制度形同虚设。

⚠️ 案例警示

（1）动火施工作业，应进行危害因素辨识，制订详细的施工方案，编制动火报告，动火报告必须经过审批。

（2）经过审批的动火报告，其内容应传达到所有参与作业的人员。

（3）严格落实动火报告中的各项措施，经现场检查确认各项措施都得到落实后方可动火。

（4）对于含有爆炸性气体容器的动火，应采取措施（充满水或氮气）将混合性气体排净。

（5）应明确监护人员的职责，确保监护到位。

2. 20050603 低温分离器运行爆炸事故

2005 年 6 月 3 日，某油田天然气事业部作业区低温分离器在投产运行中发生爆炸事故，造成 2 人死亡。

🔆 事故经过

2005 年 6 月 3 日，某油田天然气事业部作业区中央处理厂组织投运第六套脱水脱烃装置。

10：50 左右，检查正常后开始进气建压。11：30，低温分离器升压至 6.24MPa，系统压力正常。12：42，低温分离器温度逐渐降至 –21℃（设计工作温度为 –41℃），装置运行正常。15：10 左右，发生爆炸并着火。

事故导致 2 名在第五套装置附近拆装导热油管线盲板作业的员工死亡（图 5-6 至图 5-10）。

🔆 直接原因

由于焊接缺陷，导致低温分离器在正常操作条件下开裂泄漏后发生物理爆炸。

🔆 间接原因

（1）热处理工艺选择不当。在材料选用上对低温分离器复材和基材两种材料制造工艺了解不够，导致制造过程中基材产生一定程度的脆化。

图 5-6　第六套脱水脱烃装置低温分离器爆炸着火

图 5-7　爆炸中受损的主控楼与第五套脱水脱烃装置

图 5-8　爆炸中受损的管廊　　　　　图 5-9　受损的第六套脱水脱烃装置

图 5-10　事故现场

（2）探伤检测和审核等过程把关不严，造成低温分离器存在较多质量问题。

（3）焊接质量缺陷。设备制造过程中焊接工艺不完善，制造工艺不成熟，造成焊缝中产生裂纹及其他焊接缺陷，导致筒节冷卷和热校圆过程中材料脆化程度加剧。

（4）监造质量把关不严。监造单位未认真履行监造职责，未及时发现制造缺陷，未督促制造厂及时处理缺陷。

⚠️ 案例警示

（1）按照设备质量保证管理规范管理关键设备，投运前应对设备进行详细检查确认。

（2）加强承包商施工质量和施工安全的监管，认真做好承包商施工作业过程中监督检查和竣工后承包商安全绩效评估，形成相对固定的、优质的承包商队伍。

（3）设备购置应选用成熟的材质及工艺，避免新工艺、新材料引发未知的生产风险。

（4）严格执行产品驻厂监造规范，落实好监造责任。

3. 20051125 管道天然气泄漏事故

2005 年 11 月 25 日，某联合站发生天然气泄漏事故，未造成人员伤亡。

📋 事故经过

2005 年 11 月 25 日 15：15，某联合站站内人员正在值班室内组织交接，突然听到一声巨响，发现装置区域发生天然气泄漏。由于泄漏量较大，当时情况不明，站内人员通过安全通道撤离到站外，并通知当地政府紧急疏散周边群众。

事故后，将泄漏处管线挖开确认，本次事故为玻璃钢排污管道破裂后导致天然气泄漏。

💡 直接原因

DN100 的玻璃钢排污管道与四通连接处脱落，造成天然气泄漏（图 5-11、图 5-12）。

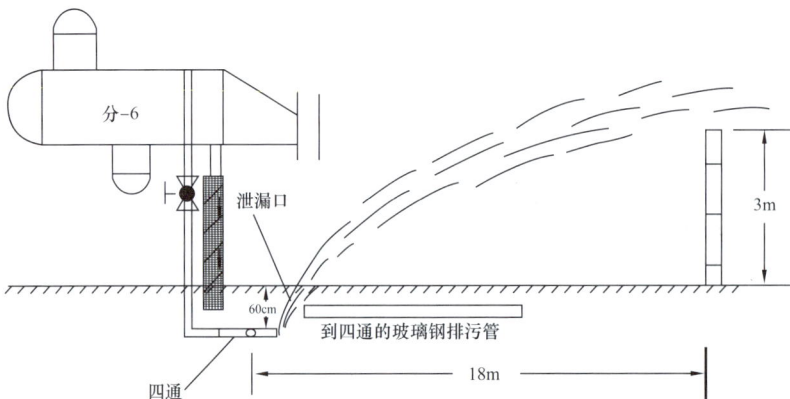

图 5-11　天然气泄漏示意图

💡 间接原因

（1）设计存在缺陷。用于输气及气液混输的玻璃钢管等级应为其设计压力的1.5倍，实际按照1.28倍设计压力选择管材，致该管道在7.56MPa生产压力下发生断裂。

（2）现场施工存在质量缺陷。施工方未按照高压玻璃钢管道地下安装验收相关标准规定，在三通、四通、变向、转向和变径处安装止推座，导致管道在推力、冲击、振动作用下发生位移破坏。

图5-12　事故现场

⚠️ 案例警示

（1）设计单位应加强玻璃钢管道相关标准、规范的学习和掌握，提高设计质量。

（2）抓好建设项目的质量监督管理，严格要求施工单位遵循有关技术标准和规程规范，减少施工质量缺陷、安全隐患产生。

（3）向地方政府报告事故信息时，应明确事故影响情况、人员疏散范围、建议警戒区域，做好地企的应急联动。

4. 20060120 管道爆炸事故

2006年1月20日，某油气田输气管理处集输站发生天然气管道爆炸着火事故，事故造成10人死亡、3人重伤、47人轻伤。

📈 事故经过

2005年，油气田实施输气线两侧违章建筑物安全隐患整改，2005年12月15日完工恢复正常生产流程。

2006年1月20日12：17，集输站距工艺装置区约60m处，ϕ720mm管线突然发生爆炸着火，几秒后在距离第一次爆炸点9.4m处紧发生第二次爆炸，12：20左右，另一集输线距工艺装置区约63m处发生了第三次爆炸。

当第一次和第二次爆炸发生后，集输站值班宿舍内的职工和家属，在逃生过程中遇第三爆炸点爆炸，事故共造成10人死亡、3人重伤、47人轻伤（图5-13）。

图5-13　事故现场

☀ 直接原因

管线破裂，泄漏天然气携带出的硫化亚铁粉末遇空气氧化自燃，引发泄漏天然气管外爆炸。因第一次爆炸后的猛烈燃烧，使管内天然气产生相对负压，造成部分高热空气迅速回流管内与天然气混合，引发第二次爆炸，约3min后引发第三次爆炸。

☀ 间接原因

管材螺旋焊缝存在缺陷，管道在内压作用下被撕裂。

⚠ 案例警示

（1）严把新改扩建天然气管道的施工质量关。

（2）严格执行石油天然气管道保护条例，严禁在管线、场站的安全距离内建设房屋等构筑物。

（3）逃生通道及应急避难所的设置要科学合理，保持畅通，并加强宣贯。

（4）场站值班宿舍应禁止员工家属等人员违规居住。

（5）天然气中硫化亚铁的风险辨识：

① 管道内的硫化亚铁不是纯净物，与油垢混在一起形成垢污，结构较为疏松。如果垢污中存在碳和重质油，在硫化亚铁的作用下会迅速燃烧，放出更多的热量。

② 硫化亚铁在潮湿空气中氧化时，二价铁离子被氧化成三价铁离子，负二价硫氧化成四价硫，放出大量的热量。由于局部温度升高，会加速周围硫化亚铁的氧化，形成连锁反应。

5. 20100629 原油输转车间清罐闪爆事故

2010年6月29日，某石化炼油厂清罐作业过程中发生闪爆事故，造成5人死亡，5人受伤。

⬈ 事故经过

2010年6月29日，某电线化工厂在某石化炼油厂原油输转车间清罐作业中，C1-7原油储罐发生闪爆，造成承包商人员5人死亡，5人受伤。

⬈ 事故原因

（1）C1-7原油罐底部烃类可燃物在原油罐底部积聚，未能及时排出，浓度达到爆炸极限。

（2）施工单位违章私自接引非防爆临时照明设施，且在作业过程中处理故障，产生引爆可燃气体的火源。

⚠ 案例警示

（1）安全生产规章制度和操作规程执行不严格。

（2）对已发现的风险未采取切实可行的消减措施。

（3）承包商的监管存在漏洞。

6. 20120101 压缩机检修后启动过程爆炸事故

事故经过

2012 年 1 月 1 日，某油田公司某管理处某试采作业区，压缩机检修后，在启动进行闭路循环过程中，压缩机系统滞留空气，压缩机系统内部形成的爆炸性混合气体发生爆炸，致使三级换热器管束箱封头炸开，封头挡板击中现场检查人员头部，造成 1 人死亡，三级换热器损毁，直接经济损失 115 万元。

事故原因

（1）换热器管束箱焊接质量存在缺陷，物资采购把关不严格。

（2）工艺、换热器设计存在缺陷，冬季容易产生冰堵。

（3）操作规程可操作性差，风险防范、生产组织存在缺陷。

案例警示

（1）优化设计工艺及管理措施，消除管束冬季冰堵现象。

（2）改用氮气置换，并完善工艺流程。

（3）开展岗位需求型培训。

（4）完善管理制度，强化设备管理。

7. 20130125 天然气阀室泄漏火灾事故

事故经过

2013 年 1 月 25 日，西气东输二线某段某阀室 ERW 钢管失效爆裂发生泄漏着火事故。

事故原因

（1）压力传感器与基座连接的螺纹过短，控制箱内压力传感器泄漏。

（2）天然气在控制箱内聚集，控制箱箱体内压力逐步上升，致使箱门爆开落于地面，同时引起着火。

（3）控制箱内由于起火燃烧，温度上升，蓄电池发生爆炸。

（4）电控单元受热，连接管线膨胀脱开，液压油漏出，加大火势。

预防措施

（1）按设计要求完善数据传输功能。

（2）完善管线的不同运行工况和事故状态下的异常情况安全保护系统。

（3）将蓄电池与压力传感器分开设置。

（4）对与敏感区域距离较近的监视阀室增设监控设施。

（5）组织对阀室进行风险识别，制定阀室建设和风险控制的标准规范。

8. 20130526 天然气管道火灾事故

2013 年 5 月 26 日，某工程联络线天然气管道断裂引发火灾事故，造成 5 人受伤。

事故经过

2013 年 5 月 26 日 7：21，某工程联络线上游压力从 7.85MPa 迅速下降至 0.19MPa，阀室阀门分别检测到压降速率达到关断条件并自动关断，7：25 该站上游发生天然气泄漏，引发火灾。站场启动 ESD 紧急关断切断气源，大火熄灭。事故造成 5 人受伤（图 5-14）。

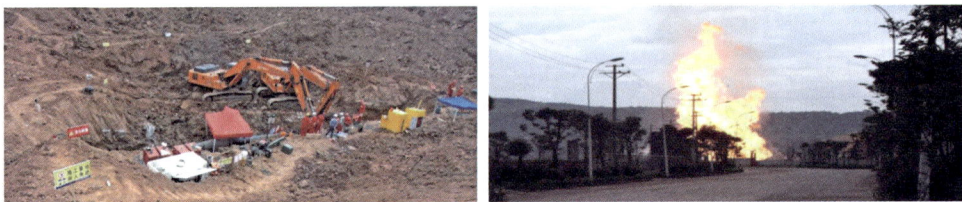

图 5-14　事故现场

直接原因

焊口存在焊接质量缺陷，加之管道存在应力，导致管线断裂。

间接原因

（1）管道焊接过程中未使用内对口器，焊接工艺控制不严格，造成焊接质量存在缺陷。

（2）管道下沟时未使用吊管机，而采用其他机械，造成管道损伤，同时增加管道应力。

（3）管道损伤后，没有对损坏的管材和焊口报检，也未通报监理。

事故警示

（1）加强承包商作业监管，杜绝施工单位违反施工方案，使用非专用机械设备，导致焊接质量缺陷、管道损伤等问题。

（2）管道机械损伤后，应按规定进行报检，避免形成隐患。

（3）加强工程监理管理，工程监理、工程监督和安全监督人员对关键作业、高危作业要实施旁站监督，对现场施工未使用内对口器、吊管机等违规作业行为，监理单位要及时制止。

9. 20131107 天然气阀室火灾事故

2013 年 11 月 7 日，某天然气阀室发生一起火灾事故，未造成人员伤亡。

事故经过

2013 年 11 月 7 日 14：50，调度发现 SCADA 监视画面显示某阀室截断阀阀门状态由绿色变为灰色，同时调取压力趋势图发现 12：00 左右出现压力突变情况，立即通知站控值班人员赴现场确认。

15：08，阀室看护员发现阀室着火，在阀室压力表取压点区域泄漏着火，导致下游方向部分旁通管线及旁通阀过火受热，引发火灾。

💡直接原因

引压管与 U 形管卡连接处穿孔电击，造成引压管穿孔处泄漏着火（图 5-15）。

图 5-15　事故现场

⚙ 间接原因

U 形管卡的安装位置不符合设计要求，未安装在引压管绝缘卡套之上。

⚠ 案例警示

（1）对漏点和电流产生的原因及 U 形管护套的绝缘性能做进一步技术分析。

（2）对已完成气液联动执行机构进行全面排查，确认固定引压管的 U 形管卡位置安装合理性。

（3）完善该报警系统，增加阀门状态改变报警及 Lineguard 报警事件。

（4）实现 SCADA 系统对普通阀室监视数据上传项目改造实施进度。

为确保普通阀室监视数据系统的正常运行，建议将该系统纳入 SCADA 系统统一进行测试和维护。

10. 20161027 点燃茶浴炉爆炸事故

2016 年 10 月 27 日 9：34，某油田常压立式热水炉（简称茶浴炉）在点炉过程中，因天然气闪爆造成茶浴炉倾倒，导致 1 人死亡。

↗ 事故经过

10 月 26 日 22：00，某井区洗漱用水由热水变为温水。10 月 27 日 7：00，洗漱用水已变为凉水。9：30，井区大班维护工 A 某出门查看茶浴炉运行情况。9：34，茶浴炉区域发出一声闷响，大班班长和经管员立即前往查看，发现茶浴炉倾倒，炉体基础垮塌为 4 大块，厨房外墙一侧残留一段底部长约 600mm、顶部约 400mm 的基础微向院墙处倾斜，其余 3 块向基础外倒塌。A 某被压在茶浴炉烟囱与南侧污水池防护栏之间，遂立即喊人施救。井区长安排大班员工准备麻绳、撬杠、钢管等工具进行施救；10：20，A 某被救出并送往医院救治无效死亡（图 5-16）。

图 5-16　事故现场

⚙ 直接原因

茶浴炉熄火后，重新点火过程中，炉膛内天然气闪爆，炉体及烟囱倾倒，A 某头颈部被挤压在烟囱和污水池护栏之间。

⚙ 间接原因

（1）茶浴炉熄火后，供气管线闸阀未及时关闭，炉膛内长时间处于持续供气状态；炉膛和基础形成了相对密闭的空间。

（2）点火前，未按照常压热水炉操作与保养规程中"点火前必须打开风门通风

15min 以上"的规定进行操作，通风时间不足，炉膛内的天然气未充分排出。人员持燃烧的点火棒靠近炉膛点火孔时，发生闪爆。

（3）爆炸力造成荼浴炉基础垮塌、炉体失稳倾倒，且绷绳缺失未起到延缓倾倒的作用。

（4）人员从炉体与污水池之间的路线逃生时，被倾倒的烟囱砸中。

⚠ 案例警示

（1）加强冬季安全生产风险辨识与安全操作能力培训教育。

（2）加强生产辅助设施、非生产区域、井区部等区域燃气炉等所有设备的运行管理，建立完善巡回检查等日常管理制度和记录。

（3）进一步严格工程建设管理。任何工程均要有符合标准规范的设计，严把施工过程质量关、验收关，确保工程建设符合设计，满足使用要求。

（4）加强设备设施完整性管理。

11. 20190223 污油罐区闪爆事故

📤 事故经过

2019 年 2 月 23 日 15：15，某采油站当班员工 A 某在计量间量油时听见污油罐区有异常声响，由计量间前往污油罐区观察异常响动原因，当 A 某行至配水间东侧时（距离爆炸点约 8m），污油罐区突然发生闪爆，爆炸产生的高温将 A 某灼伤，污油泵着火。A 某迅速撤离至站外，然后电话通知巡井员工 B 某及丈夫 C 某，并向站长 D 某及中心站站长 E 某汇报。

15：22，B 某赶回采油站，因火势很大，B 某使用灭火器将火焰扑灭。15：30 C 某到达现场，将 A 某送至烧伤医院治疗，经医院消毒包扎后回家，因受伤员工当时伤势较轻，采油作业区未及时向采油厂汇报；后期治疗过程中，A 某伤势变化，采油作业区向采油厂上报事故（图 5-17）。

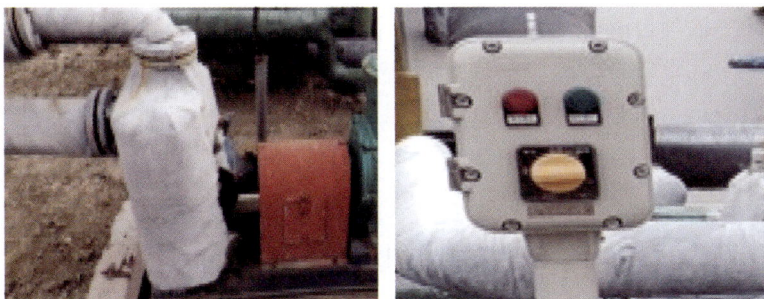

图 5-17　事故现场

💡 直接原因

污油泵壳体破裂，泵内轻质油及气化成分逸出与空气混合，达到爆炸浓度极限，遇高温的泵叶轮发生闪爆将外溢的轻质油引燃。

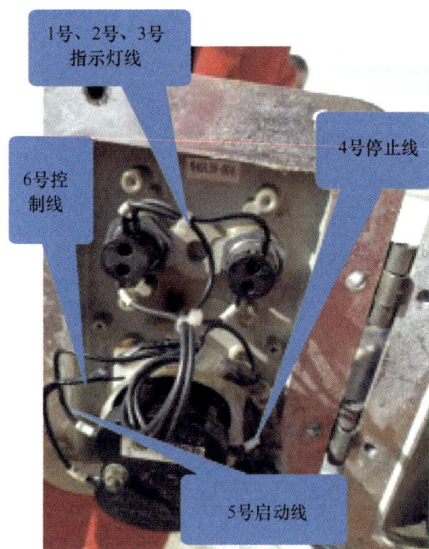

图 5-18 控制线故障位置

间接原因

（1）污油泵防爆操作柱安装时，控制线余量较长，导致控制泵启停的 6 号控制线被挤压在防爆操作柱箱体与箱门之间，经长时间挤压，控制线绝缘破损，金属线裸露与箱体接触打火，持续高温引燃 6 号线绝缘层，将与其同束敷设的、控制泵启动的 5 号控制线绝缘层损坏，5 号线与 6 号线未经过开关直接相连，污油泵自动启动（图 5-18）。

（2）泵启动后，由于污油泵进出口闸门关闭，泵内混液无法排出，造成泵内热量聚集，温度升高，污油泵中的轻质成分气化，泵腔内压力升高，压力高于泵壳体破裂压力时，泵壳体破裂，泵内轻质油及气化成分逸出（图 5-19）。

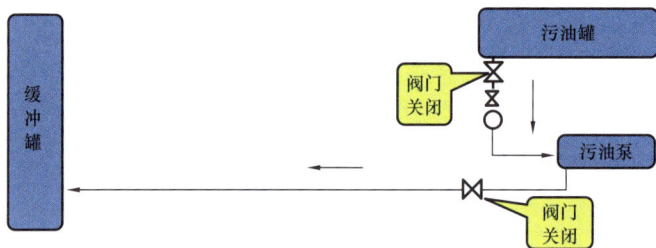

图 5-19 事故示意

管理原因

（1）施工单位施工质量管理存在缺陷。施工单位 2018 年 8 月 8 日组织了采油站开始流程改密闭集输项目电缆绝缘电阻检测，但电缆绝缘电阻检测记录中"电缆编号"项均为空白，无法确定 6 号控制线绝缘电阻是否经检测合格。GB 50171—2012《电气装置安装工程　盘、柜及二次回路接线施工及验收规范》3.1.11 规定，二次回路的电源回路送电前，应检查绝缘，其绝缘电阻值不应小于 1MΩ，潮湿地区不应小于 0.5MΩ。

（2）监理单位履职不到位。监理人员未认真核实电缆绝缘电阻检测情况下，却在检测记录上签字确认检测合格，未能发现并纠正施工和检测质量问题。GB/T 50319—2013《建设工程监理规范》4.2.4 要求：监理人员应检查和记录工艺过程或施工工序；6.2.8 要求：监理人员应对施工过程进行巡规，并对关键部位、关键工序的施工过程进行旁站，填写旁站记录。

（3）项目主管部门和属地单位监管不力。项目主管部门和属地单位对施工质量及监理履职情况监督频次和力度不足，未能及时发现、纠正施工质量问题。油田公司基建工程建设管理办法要求，建设单位工程管理人员必须经常深入施工现场，检查工程施工质量、进度情况，定期主持召开工程例会，及时协调处理施工中遇到的问题。

⚠️ 案例警示

（1）立即开展防爆操作柱隐患排查。在全厂范围内组织对同型号防爆操作柱进行排查，发现电气接线不合理、线路绝缘老化破损，立即组织更换，隐患未整改前，严禁使用。

（2）开展电气安装质量专项检查。在全厂范围内对在建工程项目开展全覆盖的电气安装质量专项检查，重点检查设备电气连接质量、二次回路送电前绝缘检查情况，严防同类问题再次发生。

（3）强化施工监理监督。项目主管部门严格审查监理大纲及监理细则，将二次回路安装工序作为停检项、必检项管理，实施旁站监督，未经监理确认不得开展下步施工，并对其监理情况予以考核。质量监督站将二次回路安装质量作为日常质量监督重点，加大监督抽查力度。

（4）强化工程质量管理。项目主管部门组织本系统及承包商人员开展 GB 50171—2012《电气装置安装工程　盘、柜及二次回路接线施工及验收规范》、GB/T 50319—2013《电气装置安装工程电气设备交接试验》等标准开展培训，提升工作能力，加密项目建设期间检查频次，切实履行施工监管职责。强化施工单位、监理单位等承包商监管，通过建立约谈、经济处罚、缩减工作量、黑名单等约束机制，提升工程施工质量。

（5）强化事故管理。发生生产安全事故时，必须严格执行油田公司生产安全事故管理规定，在规定时限内上报，发生迟报、瞒报的单位将从严从重追责，发生迟报瞒报事故单位一律取消年度评先选优资格。

12. 20190523 淋浴间沼气闪爆事故

2019 年 5 月 23 日，某油田 1 名员工在淋浴间内因沼气聚集闪爆被烧伤。

📤 事故经过

2019 年 5 月 23 日 7：08，某采油作业区夜班员工 A 某在淋浴间准备洗澡前，用打火机烧衣服上的线头，引发淋浴间内聚集的沼气闪爆，身体被烧伤。经市消防医院诊断为Ⅱ度烧伤（图 5-20）。

图 5-20　事故现场

💡 直接原因

夜班员工 A 某在站场内违规使用打火机烧衣服上的线头，引起淋浴间内聚集的沼气闪爆，造成烧伤。

💡 间接原因

（1）淋浴间与厕所共用一个沉降井，井内产生沼气，天气持续高温（当日最高气温为 35℃），加快沼气形成。

（2）沉降井井盖排气孔小，沼气不易排出；沉降井距淋浴间仅 1m 远，且淋浴间简易地漏为 3in 油管制作无水封，导致沼气沿着下水管扩散至淋浴间（图 5-21）。

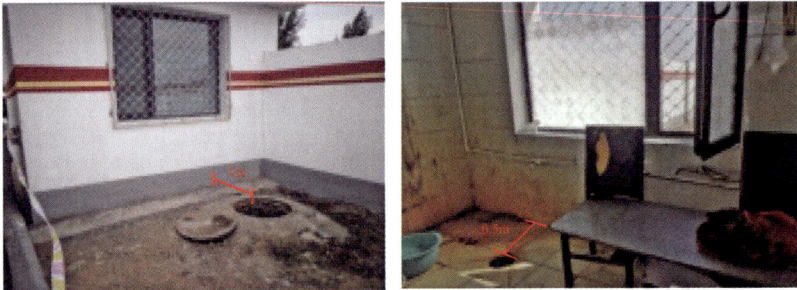

图 5-21　沉降井与淋浴间

（3）淋浴间门窗紧闭，沉降井内沼气通过地漏聚集淋浴间内和空气混合达到爆炸下限。

🔅管理原因

（1）生活区域风险辨识存在盲区，采油作业区及该站员工未识别出淋浴间沼气爆炸的风险。

（2）行为安全教育缺失，采油作业二区在员工行为安全准则、劳动纪律方面的教育不扎实，出现在站内使用明火的不安全行为。

（3）现场标准化程度不高，业务主管部门和采油作业区在站场基础管理上还存在低标准现象，站内的淋浴间、厕所等生活区域无设计施工，安全距离、施工标准都不满足标准要求。

⚠案例警示

（1）深刻吸取事故教训，层层传达至岗位员工，引以为戒，开展"反违章、反违纪"全员行为安全教育，进一步提高员工风险防控能力。

（2）合理布置生产区域和生活区域，按规范要求保证足够安全距离。对易燃易爆场所进行爆炸危险区域划分，易燃易爆区域内设备设施必须符合防爆要求。排查整改了 3 处区域布置不合理现场。

（3）对可能产生沼气的沉降井（窖井）、下水管道开展隐患排查，重点排查与沉降井相连的厕所、淋浴间、小伙房下水管道是否设置水封地漏等防止气体窜入设施。对排查出的隐患明确整改责任部门、责任人，每月至少检测 1 次沉降井内可燃气体浓度，及时清理沉降井。

四、工程建设

1. 20040416 焊接作业火灾事故

2004 年 4 月 16 日，某输气运销部在管线碰口焊接作业过程中，发生一起火灾事故，造成 1 人死亡。

📖 事故经过

2004 年 4 月 16 日上午，某输气运销部因用户管网压力不能满足需要，拟对管网进行改造。天然气公司负责人 A 某，在未办理任何手续，也未向运销部领导和生产调度室报告的情况下，直接安排两名人员动火作业。

18：15，实施 ϕ30mm 管线与 ϕ57mm 管线碰口时，在未通知配气站和运销部生产调度值班人员的情况下，施工人员关闭了 ϕ57mm 管线上的阀门，且未安排人员对关闭的阀门进行值守。

18：20，用户发现无天然气，向配气站反应，配气站值班人员 B 某向生产调度室值班人员询问，调度不知情。B 某发现 ϕ57mm 管线上的阀门关闭，在未确认阀门关闭原因的情况下将阀门开启。此时正在碰口的电焊作业引燃了天然气，由于作业场所狭窄，1 名焊工逃进了死胡同，被当场烧死（图 5-22）。

图 5-22　事故现场

💡 直接原因

值班人员打开天然气阀门后，天然气从管线泄漏，被电焊引燃后，引发火灾。

💡 间接原因

（1）管理人员违反动火作业管理规定，违章指挥，在没有申请、没有作业方案的情况下，擅自组织动火作业。

（2）焊工违章操作，在违章关闭阀门后，未告知值班人员、未安排相关人员对关闭的阀门进行值守，未对实施上锁挂牌。

（3）员工应急能力不足，在慌乱中逃进死胡同。

⚠️ 案例警示

（1）动火作业必须办理作业许可，严格执行动火作业安全管理规范，编制作业方案，落实置换、隔离隔断等措施，在得到相关方的许可和确认后方可进行作业。

（2）实施阀门、盲板等能量隔离措施，应对隔离点进行上锁挂牌。

（3）作业人员在作业前应观察周边环境，提前规划好应急逃生路线。

（4）实施能量隔离措施前，应将天然气停供、恢复时间等信息，向天然气用户等相关方进行告知，避免恢复供气时，出现意外事件。

2. 20080904 检修污水回收罐爆炸事故

2008 年 9 月 4 日，某油田公司一作业区含油污水处理站在改造施工过程中，发生一起爆炸事故，造成 1 人死亡。

事故经过

2008 年 9 月 4 日 15 时，某公司建设集团安装公司在某油田公司作业区某含油污水

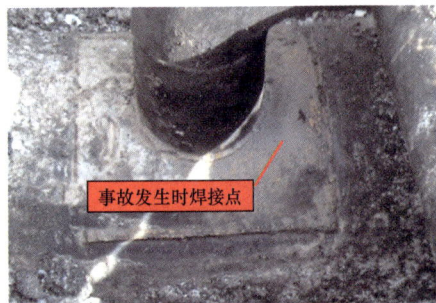

图 5-23　事故现场

处理站执行施工任务。在焊接管线过程中，采用润滑脂拌黄土的方法进行封堵作业，由于封堵部位产生空隙，污水回收罐内可燃气体串入管线的施工部位，遇电焊火花，引起现场一座 700m³ 污水回收罐爆炸着火，导致罐间阀室屋面盖板塌落，将一名正在旁边监护的人员砸倒，监护人员被蔓延到阀室的大火烧死（图 5-23、图 5-24）。

图 5-24　污水回收罐

直接原因

污水回收罐内可燃气体窜入管线的施工部位，遇电焊火花，发生爆炸着火。

间接原因

（1）施工管线与两个罐的原油溢流管线相连，溢流管线两端没有阀门，在施工作业时无法隔断。

（2）在焊接过程中，润滑脂拌黄土封堵物在高温、震动、敲击等情况下，润滑脂融化、黄土下沉，导致封堵部位产生空隙，可燃气体扩散入施工管线。

（3）在施工方案中，没有辨识出润滑脂伴黄土封堵方法的动火风险，也没有落实防范措施。

案例警示

（1）非常规作业，应制订详细、完整、科学、具有针对性的施工方案，严格方案审批把关。

（2）非常规作业，应严格执行工作前安全分析管理规范，辨识每一个操作步骤存在

的风险，落实防范措施。

（3）动火作业中涉及能量隔离的，要严格执行上锁挂牌管理规范，对任何存在能量释放的部位应进行有效能量隔离或退料置换。

（4）施工过程中发现任何不满足安全施工条件的情况，应立即停止施工，重新进行风险评估，重新制订落实风险消减措施。

（5）对带压堵漏、机械清罐等特殊作业要选用成熟可靠的技术。

3. 20100716 油轮泄油输油管线爆炸事故

2010 年 7 月 16 日晚 18：50 左右，某港口一艘 30 万吨级外籍油轮泄油引发输油管线爆炸，并引发原油泄漏。

事故经过

事故发生前，一艘外籍 30 万吨油轮在某港口卸油过程中，原油储油罐陆地管线在加催化剂作业时起火。事故发生后，油轮立即撤离。

起火的管线为直径 900mm 的原油储罐陆地输油管线，后引起直径 700mm 管线起火。两根管线起火后，引燃旁边 $10 \times 10^4 m^3$ 原油罐。

事故造成 1 名作业人员后背轻伤、1 名失踪，抢险过程中 1 名消防战士死亡，1 名重伤。损失严重，影响巨大并造成海洋污染（图 5-25、图 5-26）。

图 5-25 事故现场

图 5-26 事故过火面积

☀ 直接原因

某石油公司下属公司委托上海某公司使用天津某公司生产的含有强氧化剂过氧化氢的"脱硫化氢剂"，违规在原油库输油管道上进行加注"脱硫化氢剂"作业，并在油轮停止卸油的情况下继续加注，造成"脱硫化氢剂"在输油管道内局部富集，发生强氧化反应，导致输油管道发生爆炸，引发火灾和原油泄漏。

☀ 间接原因

（1）事故单位对所加入原油脱硫剂的安全可靠性没有进行科学论证。

（2）原油脱硫剂的加入方法没有正规设计，没有对加注作业进行风险辨识，没有制订安全作业规程。

（3）原油接卸过程中安全管理存在漏洞。指挥协调不力，管理混乱，信息不畅，有关部门接到暂停卸油作业的信息后，没有及时通知停止加剂作业，事故单位对承包商现场作业疏于管理，现场监护不力。

（4）事故造成电力系统损坏，应急和消防设施失效，罐区阀门无法关闭。另外，港区内原油等危险化学品大型储罐集中布置，也是造成事故险象环生的重要因素。

⚠ 案例警示

（1）切实加强危险化学品各环节安全生产工作。

（2）持续开展隐患排查治理工作，进一步加强危险化学品各环节的安全管理。

（3）深刻吸取事故教训，合理规划危险化学品生产储存布局。

（4）做好大型危险化学品储存基地和化工园区（集中区）的安全发展规划，合理规划危险化学品生产储存布局，严格审查涉及易燃易爆、剧毒等危险化学品生产储存建设项目。

（5）切实做好应急管理各项工作，提高重特大事故的应对与处置能力。

4. 20100819 焊接原油计量罐爆炸事故

2010年8月19日，某测试公司焊接原油计量罐发生着火爆炸事故，造成1人死亡，1人轻伤。

☑ 事故经过

2010年8月19日11：30左右，承包商焊工A某、B某两人在完成4号原油计量罐的角链焊接加装工作后，到3号罐做角链焊接加装准备。A某发现3号罐一个预制护栏插套漏焊了一个固定螺帽。A某计划先补焊插套固定螺帽。A某站在3号罐顶盖板（厚度3mm）上引弧时，发生闪爆并着火，A某被掀到4号罐罐顶，经抢救无效死亡，B某被气浪抛到罐后沙土地上受轻伤（图5-27、图5-28）。

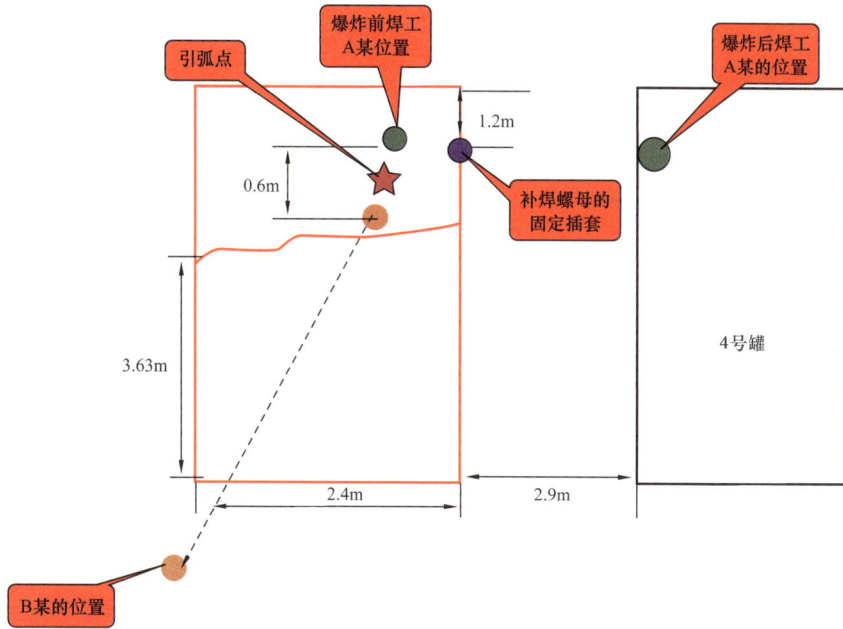

图 5-27　施工时焊工 A 某、B 某位置图示

图 5-28　事故现场

直接原因

计量罐底油、水、泥浆等残液挥发出可燃气体，焊工 A 某在 3 号罐罐顶引弧时引发罐内可燃气体闪爆。

间接原因

（1）计量罐内存有油、水和泥浆残液，气温较高，造成罐内油气残液挥发，形成了达到爆炸极限的混合气体。

（2）承包商违反协议中的安全要求，没有清除计量罐内的残液，也没有进行通风、检测，未及时发现动火现场的闪爆风险。

（3）承包商违章作业，没有执行属地单位的动火作业安全管理规范，未办理动火作业许可。

（4）属地单位没有实施现场监督，违章施工未能得到及时制止。

案例警示

（1）动火作业应严格执行动火作业安全管理规范等相关规定，落实作业许可制度，严禁未办理动火许可证进行动火作业。

（2）现场作业出现临时变更时，应进行工作前安全分析，辨识每个操作步骤存在的风险，属于作业许可管理范围的，应办理许可后，才能实施作业。

（3）应严格落实属地及相关管理方的安全监督职责，加强承包商作业队伍的施工作业前能力准入评估和施工作业过程中监督检查。

5. 20130602 储罐动火作业爆炸事故

2013 年 6 月 2 日，某石化公司储罐区更换仪表平台板踏步动火作业过程中，发生一起爆炸事故事故，造成 4 人死亡。

事故经过

2013 年 6 月 2 日 14：28 左右，某石化公司委托某建设公司（又转包给某建筑公司），进行联合车间三苯罐区 939 号罐更换平台板踏步作业时，储存有约 20t 甲苯等介质的 939 号罐突然发生爆炸。随后，临近的 936 罐（烃化液罐）、935 罐（焦油罐）、937 罐（脱氢液罐）相继爆炸着火，事故共造成 4 人死亡，4 个罐体损毁（图 5-29）。

| 三苯罐区卫星图 | 发生闪爆的939罐 | 发生爆炸的其他罐体 |

图 5-29　事故现场

💡直接原因

非法分包的某建筑工程公司作业人员在三苯罐区一储罐罐顶违规违章进行气割动火作业，切割火焰引燃泄漏的甲苯等易燃易爆气体，回火至罐内引起储罐爆炸。

💡间接原因

（1）动火作业管理严重不到位。不按规定作业级别、程序开展作业；动火票出具不规范；签票人未到现场确认；现场作业超出火票规定内容，现场监护人员未制止；现场3名焊工只有1人有资质。

（2）风险管理缺失。动火前风险分析不到位，消减措施未严格落实。

（3）承包商管理存在漏洞。以包代管，管理缺失；承包商员工作业资质未达要求就允许承担危险作业；承办商超范围动火，未予以制止。

（4）安全管理人员安全意识淡薄。

（5）安全生产责任制不健全，职责不清晰。未建立完善的与岗位匹配的安全生产责任制。

（6）罐区设计标准低，8个储罐共用一个防火堤。

⚠️案例警示

（1）层层转包，四名工人来自民营企业。受某石化公司委托，中油某建设公司负责对939号储罐仪表平台进行更换，而中油某建设公司又把工程转包给了某民营建筑工程有限公司。

（2）"6·2"火灾事故是从939号储罐罐顶突然发生爆炸，随之起火的。石化企业对于用火的管理，应该具有严格的规定，但在储罐内存放易燃易爆物料的情况下，却仍然开出了动火作业许可证。

6. 20141031 输气管线施工爆炸事故

2014年10月31日，某油田一输气管线改线施工过程中，发生一起爆炸事故，造成2人死亡，1人重伤，4人轻伤。

📈事故经过

2014年10月31日，某油田油建项目部安排人员去一输气管线改线施工作业现场，进行下塞饼作业，完成带压封堵。操作人员4人将装好塞饼的塞堵结合器安装在管道夹板阀上，然后开始向塞堵结合器内注气进行压力平衡。

1名操作人员刚开启夹板阀时，塞堵结合器内发生爆炸，塞饼落在西北方向32m处，结合器主轴散落在东南方向5m处，结合器筒体反向卷曲360°，击穿围墙散落在东南方向25m处，天然气喷出着火。事故造成2人死亡，1人重伤，4人轻伤（图5-30）。

图 5-30　事故现场照片

🔆直接原因

带压封堵设备中，高浓度的氧气与塞饼上的润滑油脂发生剧烈反应，引燃爆炸性混合气体。

🔆间接原因

（1）承包商员工风险意识淡薄，业务素质不强，对天然气的危险性认识不足，擅自变更施工方案，违章作业。既没有装设连通管道和塞堵结合器之间的平衡管，也没有向塞堵结合器中注入氮气，擅自向塞堵结合器内注入高压氧气。

（2）油建项目部私自将管线带压封堵作业转包给承包商。

（3）项目部安排承包商进行封堵作业时，未通知油建公司和监理单位，也没有按规定办理作业许可，更没有派人到现场进行监督，现场监管失控。

（4）油建公司对整个施工过程管理不到位，关键作业、承包商转包、现场监管等多个环节出现问题。

⚠案例警示

（1）带压封堵应严格执行相关特种作业程序，可燃气体置换应采用氮气或惰性气体。

（2）建设单位应严格实行承包商准入安全资质审查制度，严把承包商的单位资质关、HSE业绩关、队伍素质关、施工监督关和现场管理关，严禁违规分包和转包。

（3）建设单位应加强施工作业过程中监督检查，对违规分包、不认真履行安全责任的承包商，应及时进行整顿或清退。

（4）作业前，应进行工作前安全分析。承包商、属地、监督、项目部门及所有参与此项工人均应参加工作前安全分析，对施工作业方案应进行充分论证和审核、审批。

7. 20141212 管线试压缓冲罐刺漏爆炸事故

2014年12月12日，某油田缓冲罐发生刺漏、爆炸，造成2人死亡，1人轻伤。

事故经过

2014年12月12日，某油田某采油站，柔性复合管试压过程中，试压管线截止阀内漏，压缩空气窜入缓冲罐，使缓冲罐内部压力升高，超过其可承受能力，且缓冲罐体顶部内壁因严重腐蚀承压能力降低，导致缓冲罐发生刺漏、爆炸；造成2人死亡，1人轻伤。

事故原因

（1）试压管线与在用管线之间的截止阀严重内漏，压缩空气通过截止阀窜入在用管线并进入缓冲罐，导致罐内压力持续升高。

（2）随着缓冲罐内部压力不断升高，罐内油水混合物被压缩空气沿出口管线挤出，导致罐内液位下降，上部空间形成了可燃混合气体。

（3）缓冲罐内壁氧腐蚀严重。

（4）当缓冲罐内压达到0.592MPa时，在缓冲罐侧下方腐蚀严重部位发生刺漏，罐内压缩气体刺漏过程中产生静电，引爆罐内混合气体。

案例警示

（1）建立完善培训机制，确定培训内容，丰富培训方式，加强培训力量，做好考核评估。

（2）进一步梳理常规作业与非常规作业类型，明确作业许可管理范围，完善高危作业管理制度，严格作业许可管理。

（3）认真落实作业许可管理规定，明确管理流程，细化岗位职责，加强现场管理，严格现场作业监督。

（4）梳理高风险设备的关键参数，并根据轻重缓急逐步完善数字化系统。

五、其他行业

1. 20040813 切割盐酸储罐爆炸事故

2004年8月13日，某油田热电厂化学分厂切割盐酸储罐时发生爆炸，造成1人死亡。

事故经过

2004 年 8 月 13 日上午，检修班长带领 2 名本班人员到卸酸站处理酸罐排污泄漏点，注水后将水排净，3 名检修人员上到罐顶准备打开人孔对漏点进行检查，因螺纹腐蚀锈死，三人动用火焊切割螺纹。切割作业进行 10min 左右，突然一声巨响，酸罐人孔盲板被崩开，造成焊工跌落地面后，被掉落的混凝土盖板块压住，经抢救无效死亡（图 5-31）。

图 5-31　事故现场

直接原因

酸罐内衬脱落，造成酸罐钢制罐壁直接与盐酸接触反应，产生氢气，与罐内空气形成爆炸性混合气体，被火焊引爆，造成爆炸。

间接原因

（1）焊工安全意识淡薄，对存在的安全隐患认识不足，严重违反操作规程，违规操作。

（2）检修班长未遵守"两票三制"，没有识别工作过程中的风险点，也没有采取相应的保障措施。工作前对酸罐本体的清洗情况没有进行认真检查，违章指挥。

案例警示

（1）动火作业属危险作业，作业前应对作业环境、操作过程等进行危害因素辨识，针对危害因素制订预防控制措施或施工方案，并确保措施或方案逐一落实。

（2）动火方案务必经过审批，现场按动火方案进行检查，满足动火条件方可动火。

2.20140228 食堂天然气爆炸事故

2014 年 2 月 28 日，某油田公司作业区食堂内发生天然气泄漏爆炸事故，造成 3 人死亡。

事故经过

2 月 28 日 5：58，某油田公司作业区机关食堂内发生天然气泄漏，在食堂操作间附近密闭空间内积聚，疑遇电气设备或其他原因产生火花后发生爆炸，造成食堂房屋倒塌，外雇员工两人送医院抢救无效死亡，一人被现场确认已经死亡（图 5-32）。

图 5-32 事故现场

🔆直接原因

天然气泄漏，在操作间和与其相连通的空间内达到爆炸浓度，遇使用电器或其他原因产生的火花发生剧烈爆炸。

🔆间接原因

（1）室外截断球阀、室内截止阀均漏气，起不到关断气路的作用；可燃气体检测系统报警后，电磁阀也没有起到截断天然气的作用。

（2）当晚报警器所在房间无人值守。

⚠案例警示

（1）天然气管线变更应严格执行设计、施工、竣工验收及相关审批程序，变更风险要进行充分的安全论证。

（2）要对可燃气体报警探头、连锁系统的切断功能、阀门内漏情况及天然气阀组气密性情况定期进行检查和检测。

（3）炉灶熄火自动保护装置应可靠，炉灶连接软管等部件的密封性定期检查确认。

（4）对生活用安全隐患全面排查和整改。

（5）要对食堂所指定的各项管理规定，落实相应的检查监督机制，保证各项措施的有效落实。

（6）要做好对外来用工相关安全知识培训，告知风险并加强监管。

3. 20140310 装车作业火灾事故

2014 年 3 月 10 日，某运输公司原油运输车在某油田联合站装车作业时，发生一起火灾事故，造成 2 人死亡。

事故经过

2014 年 3 月 10 日 20：40，运输公司原油运输车进入某联合站装车开始付油。约 5min 后，停靠在 5 号鹤位的运油车前部装油罐口突然起火，2 名现场值班员工使用灭火器进行灭火，导致后部通气罐口发生轰燃，火势迅速扩大。事故造成甲方 2 名员工死亡、运输公司 1 名驾驶员烧伤、部分鹤位损坏、8 台车烧毁（图 5-33、图 5-34）。

图 5-33　前部装油罐口与后部通气罐口

图 5-34　事故现场

直接原因

由于电瓶连接线产生电火花引燃可燃气体轰燃。

间接原因

（1）安全监管不到位，现场对进入的车辆监管不严，致使车辆将隐患带入站内。

（2）针对驾驶员的安全教育培训不全面，致使驾驶员对自身车辆隐患视而不见，对紧急情况的应对有心无力。

（3）工作人员素质不高。灭火方法不当，导致后部通气罐口发生轰燃，火势迅速扩大。

案例警示

（1）制定油气装卸安全专项检查制度，严格控制产生火花的源头。

（2）强化驾驶员和押车员的安全教育培训。

（3）严格执行进场车辆检查确认制。

（4）通过类似案例分享，开展岗位风险辨识活动，并告知驾驶员和押车员。

4. 20150727 单井计量爆炸事故

2015 年 7 月 27 日，某油田技术服务公司在单井计量过程中，发生计量车出口软管超压爆管，造成 2 名人员死亡。

事故经过

2015 年 7 月 27 日，计量工 A 某、B 某和计量车司机 C 某到达某井连接计量工艺管线，进行计量作业。A 某准备记录计量车的计量数据时，听见在计量车的入口法兰附近有轻微刺漏声音，于是 A 某到计量车尾部查看，走至计量车进、出口管线连接处，计量车的出口软管处发生爆管，将 A 某及计量车右后部的 C 某 2 人击倒在地，2 人经抢救无效死亡（图 5-35）。

图 5-35　事故现场

💡直接原因

计量车出口软管发生爆裂，打击现场人员致死。

💡间接原因

（1）计量人员将计量车的进出口管线与采用工艺管线阀门接反。

（2）因计量车出口装有单流阀，导致计量车出口软管憋压、爆裂、撕断。

（3）在计量过程中，计量车司机站位不正确，违规进入作业区域内。

（4）导通计量作业流程时，无人观察井口回压表。

⚠案例警示

（1）管线连接连头要看清楚，连接后要检查确认，避免接错。

（2）强化现场目视化管理，重视移动设备设施目视化标识与生产现场连接部位标识。

（3）涉及计量车进出口管线临时对接的带压作业，管线的对接环节应该采取双确认机制，以确保管线连接正确，连接到位。

（4）作业前，在井口回压表及管线连接处等关键风险点设人监管，当有不正常情况出现时，及时发现，及时遏制事故的发生。

中毒事故，指有毒物质通过不同途径进入人体内引起某些生理功能或组织器官受到急性健康损害的事故。

窒息事故，指机体由于急性缺氧发生晕倒甚至死亡的事故。窒息分为内窒息和外窒息，生产环境中的严重缺氧可导致外窒息，吸入窒息性气体可导致内窒息。

本部分共收集中毒窒息典型案例18起，其中钻井工程2起，井下作业3起，采油作业4起，工程建设8起，其他行业2起，主要原因是违反化学品管理条例等法规标准、检维修作业安全风险识别不到位、现场通风管理不善、员工安全防护不到位等，共造成269人死亡、多人受伤、万人被迫疏散，中毒窒息事故具有群死群伤的特征。

为防范中毒窒息事故发生，应加强对施工相关方的管理，及时与相关方签订安全协议，明确双方责任义务；扎实开展作业前安全分析，辨识出每个操作步骤在不同作业设备、作业环境、特殊天气、特殊季节下存在的风险；采取员工安全防护措施，认真办理受限空间作业许可，认真开展氧气、可燃气体、硫化氢气体含量检测分析，采取有效防护及应急措施。日常生产过程中应对储存、充装有毒有害气体的容器、场所设置警示标识，加强员工安全教育培训，熟练掌握岗位危险化学品、硫化氢等有毒有害气体等相关知识。

一、钻井工程

1. 20031223 钻井作业井喷中毒窒息事故

2003年12月23日，某石油管理局钻探公司钻井队在某井起钻过程中，发生特大井喷事故，造成243人死亡，事故现场如图6-1所示。

📝 事故经过

2003年12月23日2:29，钻井队钻至井深4049.68m，循环钻井液，起钻至井深1948m后调校顶驱滑轨，继续起钻。

21:54，司钻A正在起钻，采集工B上钻台报告司钻A，录井仪表发现溢流1.1m³。司钻A立刻发出警报，旋即下放钻具，同时发现钻井液从钻杆水眼内和环空喷出，喷高 5～10m，钻具上顶 2m 左右，大方瓦飞出转盘，不能坐吊卡接回压阀，发生井喷。

图 6-1　井喷事故现场

随后关闭防喷器，钻杆内喷势增大，液气喷至二层台；由于钻杆内喷出液气柱的强烈冲击，抢接顶驱不成功，钻具上顶撞击顶驱着火。关闭防喷器，井喷失控，实施点火。

第二次点火成功后，成功压井。

直接原因

违章卸掉钻柱上的回压阀。

间接原因

（1）对事故井特高出气量估计不足。

该井储层段长，且下钻时遇到了高丰度、不均质、裂缝发育异常带，该井的气侵量比直井大很多，天然气上窜速度也比直井更迅猛。

（2）起钻前循环观察时间不够。

钻井排量 24～26L/s，从井底至地面循环需要的退到时间 71～77min，实际上，从井深 4048.56m 钻至 4049.68m，间断循环 41min，连续循环 32min，起钻前循环观察时间不够，未能及时发现气侵溢流显示。

（3）钻井队在起钻过程中违规操作，灌钻井液不及时、灌入量不够。

①按有关规定，该井为高产气层段钻井，应该取 3 柱灌满 1 次钻井液，但实际起钻中有多次 5 柱以上才灌 1 次钻井液，间隔最长的达 9 柱才灌 1 次钻井液，致使井内液柱压力降低。

②由于钻杆内喷钻井液，灌入量未随之调整，因而灌入量不够，进一步降低了液柱压力。

（4）未能及时发现溢流征兆。

（5）事故井位于山区丘陵低凹地带，四周为山，沟壑相间，强烈井喷喷出的大量高浓度硫化氢在空气中不易扩散，硫化氢浓度迅速增高。

（6）井场周围的村民居住区处于低洼地带，硫化氢不断下沉，附近村民逃生时间不够，中毒概率增大。

（7）井喷失控发生在夜晚，村民大都已经休息，造成部分村民来不及逃生，增大了疏散搜救工作难度。

⚠️ 案例警示

（1）工程地质设计应落实地下异常复杂情况的风险预测及风险削减措施。

（2）办理开工许可时，对施工作业中潜在的风险（包括操作步骤、现场设备、作业环境、工艺技术、防护措施等）认真评估，落实防范措施，制订应急预案。

（3）根据风险辨识情况，强化作业现场安全人员配备。

（4）作业前，制定详细的安全检查表，对现场设备设施及应急设备设施进行详细的检查和确认。

（5）作业过程中，严格执行钻井施工方案及相关要求，严禁违规操作。

（6）加强巡检，及时发现作业过程中的安全隐患。

（7）对高含硫地区配置适合的剪切闸板防喷器及相应的安全设施。

（8）完善高含硫地区水平井钻井操作规程和管理制度，针对单井制订详细的井控安全预案。

（9）针对井喷及井喷失控时的放喷点火问题制订应急预案，明确职责，加强预控。

2. 20060325 完井作业高含硫井井喷事故

2006年3月25日，某丛式井发生高含硫井井喷事故，致使当地13860名群众疏散。

📈 事故经过

某气田丛式井组共有4口井：A井、B井、C井、D井。A井于2006年2月7日开始进行二次完井作业，静止观察，3月21日发现钻井液溢出喇叭口，进行了两次堵漏压井施工，效果不理想。3月23日，D井油压上升至1MPa，判断A井套管可能破损，与D井在漏层连通，24日，针对套管破口进行封堵作业。

3月25日，距离A井1.29km的某镇河沟中冒气，对D井放喷泄压点火，如图6-2所示。28日，在地面冒气区安置聚气器，就地点火。采取特种凝胶和水泥浆，多次封堵成功，至4月6日切断气源。

图6-2　放喷泄压点火

💡 直接原因

（1）套管破裂导致A井天然气窜漏。

（2）天然气通过漏层横向窜至D井。

（3）环空和浅表断层共同作用导致天然气窜至地面。

🔆间接原因

（1）对丛式井井组的合理井间距论证不够，仅从现场地形条件及施工技术能力能否实现进行设计，而没有更多地认识到地面、地下的地质工程安全风险。

（2）回注井井位选择未考虑地层水中硫化氢和二氧化碳含量增大后，可能对相邻气井套管带来外腐蚀的危害，对不同注入水量条件下形成的腐蚀性水体扩散影响的范围和距离认识不足。

（3）对D井固井质量差可能带来的危害认识不足，该井发生井漏失返，固井质量差，套管与井眼之间几乎无水泥环，客观上为天然气窜至地面提供了通道。

⚠️案例警示

（1）充分论证和严格控制回注井的受注层位、井位、井身结构、管材质量、固井质量、完井管串等。

（2）针对高硫丛式井组井距、井位，制定可操作的安全开发方案和措施。

（3）加强对回注污水的水质监测和回注压力、回注量的监控，实现安全回注。

（4）进一步强化高含硫气田钻井设计、施工技术方案的论证，把好关键设备、材料的质量关，把成熟适用的先进技术纳入设计。

二、井下作业

1. 0404 修井作业中毒窒息事故

某年4月4日，某作业队在某地会战时，发生一起中毒窒息事故，造成1人死亡。

📇事故经过

某年4月4日，某作业队在某地会战。A某、B某、C某在某井干完活后已是22:00，3人回到值班房内睡觉，5日2:00左右吴某将原先放在值班房内的发电机启动取暖，造成一氧化碳中毒，A某当场死亡，B某昏迷1天，C某昏迷3天。

🔆直接原因

在值班房内用发电机取暖。

🔆间接原因

吴某安全意识差。

⚙️预防措施

（1）加强职工安全教育培训，严格按照操作规程施工。

（2）加强全体干部职工对事故隐患的识别能力，提高自我防护意识。

2. 20050330 抽汲作业中毒窒息事故

2005 年 3 月 30 日，某石油勘探局井下作业处试油队，在某井进行抽汲作业时，发生一起一氧化碳中毒事故，造成 3 人死亡。

事故经过

2005 年 3 月 29 日完钻后，进行高能气体压裂，副队长兼技术员 A 某安排五名试油工做抽汲准备。23：40，发现井口有溢流，将溢流引入计量罐内。由于水龙带与计量罐之间的连接活接头丢失，A 某安排人员在罐顶将导流水龙带从罐口引入罐内。

打开闸门后，水龙带摆动幅度大，一名操作工进入罐内用棕绳将水龙带绑在罐内直梯上；二次打开闸门后，水龙带仍然摆动，该名员工又进入罐内，用铁丝加固水龙带时昏倒在罐内。另两名员工见状，佩戴过滤式防硫化氢面具，先后进入罐内救人，相继晕倒在罐内。

3 月 30 日 1：20 3 人被送往医院，3 人均为一氧化碳中毒，经抢救无效死亡。事故现场如图 6-3 所示。

图 6-3　事故现场

直接原因

计量罐内含有井口溢流出的高浓度一氧化碳气体，造成进入计量罐内的三名员工中毒死亡。

间接原因

（1）在高能气体压裂后，大量的一氧化碳气体从井筒射孔段随着井内液体返至井口，通过水龙带进入计量罐，导致计量罐含有高浓度一氧化碳气体。

（2）水龙带与计量罐之间的连接活接头丢失。

（3）在未对大罐进行气体检测的情况下，员工违规进罐作业。

（4）出现险情后，错误佩戴过滤式防硫化氢面具，盲目进罐施救，导致事故扩大。

（5）没有对高能气体压裂工艺进行风险评估，没有制订相应的操作规程，而是沿用液体压裂工艺的操作规程组织施工。

（6）管理人员和操作人员不清楚高能气体压裂工艺可能带来的气体中毒风险，技术交底内容不全面。

（7）地质设计没有提供地层中有毒有害气体种类、含量，工程设计没有制订导流过程中有毒有害气体检测措施，现场人员没有对井筒溢出流体出口、罐口及时检测。

（8）没有编制专门的防一氧化碳、硫化氢等有毒有害气体井下作业施工操作规程。

⚠️ 案例警示

（1）采用新工艺应进行风险评估，制定相应的操作规程。

（2）进行工作前安全分析，辨识出每一操作步骤存在的风险。

（3）作业前，应对现场环境和设备进行检查和评估，严禁盲目作业。

（4）严格执行进入受限空间的相关规定，未经气体检测前，严禁进入受限空间。

（5）有限空间作业必须配备并使用隔离式呼吸保护器，严禁使用滤罐（盒）式面具。

（6）油井压裂后放喷时，水龙带必须用活接头与计量罐闸门连接。

（7）对配备的呼吸保护用具，应对员工进行充分的培训和演练，确保员工掌握其使用方法和使用范围。

（8）对缺氧危险作业场所应制订应急救援预案，配备抢险器具。

3. 20051012 除垢作业中毒窒息事故

2005年10月12日，某井下作业公司一修井队在某油田某井进行除垢作业前的配液过程中，发生重大硫化氢中毒事故，导致3人死亡，1人受伤。

📋 事故经过

2005年10月12日下午，修井队将40袋除垢剂（主要成分：氨基磺酸）搬至罐顶平台上，副队长带领3名员工站在平台上向罐内倒除垢剂。当倒至第24袋时，4人突然晕倒，其中3人掉入罐内，1人倒在平台上。应急抢险人员佩戴正压呼吸器将掉入罐内的3人救出，送往当地医院救治，3人经抢救无效死亡，事故现场如图6-4所示。

💡 直接原因

井下环境产生了大量硫酸盐还原菌，生产硫化亚铁，硫化亚铁在洗井时返出地面，滞留在配液罐中。氨基磺酸与储液罐内残泥中的硫化亚铁发生化学反应，产生了硫化氢气体。

💡 间接原因

（1）配液罐底未清理干净。

罐底存有洗井作业时的返出物，其中含有大量硫化亚铁。

（2）配液罐结构不合理。

罐底内侧有三道凸起加强筋，且仅有一个排放口，不便于清理干净；罐顶工作面小，未安装防护格栅，致使四人晕倒后三人掉入罐内。

（3）现场人员对异常情况没有警觉。

图 6-4　事故现场

在配液过程中，现场作业人员对异常气味没有分析判断其来源及是否有害，没有立即停止作业，也没有采取任何防范措施。

（4）现场环境不利于有毒气体扩散。

天气阴沉、空气潮湿、无风，硫化氢气体不易扩散，导致浓度急剧增高，人员在短时间内中毒晕倒。

⚠️ 案例警示

（1）作业前进行安全分析，辨识出每个操作步骤在不同作业设备、作业环境、特殊天气、特殊季节下存在的风险。

（2）配液作业前要将配液罐清理干净。

（3）严格设备管理，配液时使用专用的配液罐。

（4）井下除垢作业前，对井筒水进行取样分析，若含有硫化亚铁成分，禁止使用酸性液体除垢。

（5）在配制除垢剂作业前，进行除垢剂与井筒返出物反应检测实验，如产生有毒气体，应制订针对措施。

三、采油作业

1. 20141222 值班人员吸入 H_2S 中毒事故

2014 年 12 月 22 日，在某油田污水处理厂发生一起值班员工因吸入 H_2S 后导致死亡的事故。

📤 **事故经过**

2014 年 12 月 22 日 23：30，在某油田污水处理厂 2 号反应沉淀间的一层卫生间内，发生一起值班员工在身体极度虚弱的情况下可能因吸入 H_2S 后导致死亡的事故。

📤 **事故原因**

（1）该员工身体可能还有其他疾病，曾于 2013 年上半年在车间晕倒后被送至医院。

（2）反应沉淀间的部分通风设施存在故障，可能会导致 H_2S 浓度超标并聚集在低点。

⚙️ **预防措施**

（1）对油田公司所有污水处理厂进行检查，查找风险遗漏点，杜绝类似事件发生。

（2）对反应沉淀间和反硝化生物滤池的风险重新进行评估，将厕所从高风险区域移出，并采取必要的措施防止反应沉淀间和反硝化生物滤池密闭空间内 H_2S 超标。

2. 20180325 进入原油罐打捞手机窒息事故

2018 年 3 月 25 日，某油田项目管理部分包商 1 名实习员工进入地面原油罐打捞手机，窒息死亡。

📤 **事故经过**

2018 年 3 月 25 日 13：40 左右，某油田公司项目管理部分包商某石油技术服务有限公司实习员工 A 某在某油田作业区井场违章私自进入地面原油罐，打捞前日掉入罐内的手机，窒息死亡。

3 月 24 日 17：00，某公司班长 B 某安排新录用的实习人员 C 某检尺操作，C 某在 2 号试采原油罐进行检尺操作时不慎将手机掉落原油罐内，罐内当时液位为 130cm，B 某、C 某等 5 人用自制漏勺打捞手机未成功。后经商议，待装油液位下降后再次进行打捞。3 月 25 日 13：00 左右，2 号罐原油装车后，液位降至 19cm，C 某等人多次用自制漏勺打捞手机，均未成功。13：40 左右，C 某、A 某等 3 人私自爬上原油罐顶，A 某脱掉衣服从量油口（直径 50cm）进罐打捞手机，C 某和另一名员工在量油口守护，并用床单制作的简易绳子垂入罐内以便应对突发情况。13：45 左右，A 某在进入原油罐 1min 左右后，就感觉到身体不适，并向罐顶守护的两人打手势示意将其拉出，但 A 某因无法抓紧简易绳子而未被救出。19：20 救援人员打开油罐后侧入孔，将 A 某从储罐内救出，经确认死亡。

💡 **直接原因**

新入职员工 A 某违章进入 2 号原油罐内搜寻手机，窒息死亡。

💡 **间接原因**

（1）未采取任何防护措施，违章进入受限空间。A 某未办理进入受限空间作业许可，未进行氧气、可燃气、硫化氢气体含量检测分析，未采取有效防护及应急措施，进入存有 19cm 液位的原油罐内。

（2）油罐内部氧含量不足。A 某进入的油罐为在运行原油罐，充满油气，氧含量严重不足，罐内空间狭小。

⚠️ 案例警示

（1）全面落实安全环保责任。细化完善"党政同责、一岗双责、齐抓共管、失职追责"的安全环保责任制，健全各层级责任清单，加强承包商、外部项目等薄弱领域的监督考核，防止出现责任空白和管理盲区。

（2）开展承包商专项整治。依据安全准入管理制度，严肃查处承包商审查把关不严、评估培训走过场、监督检查不到位等问题，倒查管理责任，严格管控到位。

（3）加强动态施工管控。针对重大施工项目、新工艺、新技术等组织专家进行方案论证，动火、高处、受限空间等危险作业严格执行作业许可管理要求，强化特殊时段升级管理，不符合安全生产条件坚决不予开工。

（4）深入推进安全环保教育。强化员工事故案例教育，提高员工风险认知能力；针对性地开展入厂（场）施工前安全教育，严格考核评估，坚决杜绝以证代培，确保承包商人员素质和能力达到风险管控要求。

3. 20180531 天然气阀室泄漏中毒窒息事故

2018 年 5 月 31 日，某油田巡管工进入天然气阀室操作时，发生一起中毒窒息事故，造成 1 人死亡。

📖 事故经过

2018 年 5 月 31 日 13：20，某油田作业区因漏磁检测仪卡堵在管道内，管理人员临时采取关干线气液联动球阀建立压差的方案解卡，安排负责监听的巡管工 A 某到某天然气阀室操作干线球阀。

13：28，阀室发生天然气泄漏，A 某在阀室内中毒。

13：52，作业区项目负责人 B 某赶到现场，佩戴空气呼吸器将 A 某转移出阀室。

16：40，A 某因抢救无效死亡。事故现场如图 6-5 所示。

💡 直接原因

A 某在阀室作业过程中，因吸入含硫化氢的天然气，导致中毒死亡。

💡 间接原因

（1）排污管线上的排污阀未关闭。A 某在建立压差操作时，手动关闭干线气液联动阀，在关闭过程中，管道内高压天然气进入排污管线。排污管线上本应处于关闭状态的排污阀在事故发生时处于开启状态，致使含硫化氢的天然气进入排污系统管线。

图 6-5　事故现场

（2）排污阀后的双外螺纹接头断裂。气液联动阀中腔排污阀后管线上的双外螺纹接头未按设计要求采用 20G 抗硫材质，同时气液联动阀中腔排污管线采用直接埋地方式敷设，与来自气液截断阀的立管存在不均匀下沉，致使管线在双外螺纹接头处应力集中，在高速气流的冲击下发生断裂，致使含硫化氢的天然气泄漏在阀室内。

（3）泄漏的含硫化氢天然气不能及时截断。巡线工在 2017 年 2 月发现气液联动阀驱动气源的氮气钢瓶为空瓶的问题后，多次报告，但作业区未整改。因气液联动阀的驱动气未投用，不能实现气动快速打开和关闭，致使来自阀门中腔的天然气不能被快速截断。

（4）防硫化氢中毒培训不到位。A 某在进入含硫化氢的作业区域时，无硫化氢防护意识，在未佩戴空气呼吸器的情况下，冒险进入危险区域。

（5）操作规程和维护制度存在缺陷。缺少对排污阀阀位状态的检查要求，自管道投用至今，一直未对本应常闭的排污阀阀位进行检查。

（6）变更管理不到位。一是随意变更作业方案，项目负责人在放空解卡的操作无法实施后，在未进行变更风险分析，也未与下游沟通的情况下，将解卡方式变更为建立压差解卡；二是随意变更作业人员，项目负责人在未经作业区审批同意的情况下，安排原方案中执行监听任务的 A 某执行关阀操作。

（7）管道工程项目把关不严。一是气液联动阀中腔排污管线双外螺纹接头不符合设计的抗硫要求，在施工中未发现，给运行安全埋下隐患；二是现场阀室地坪存在不均匀沉降，断裂处存在 5cm 沉降错位，排污管线局部应力集中。

⚠️ 案例警示

（1）加强防硫化氢教育培训，提高员工个人防护意识，规范空气呼吸器等用品的使用。

（2）严把工程设计和施工质量关。严格设备安装前检查，特别是辅材质量把关；严格工程质量验收，特别是设备调试、隐蔽工程、附属设施的验收确认。

（3）严格落实变更管理相关要求，针对作业过程的有毒有害介质、高危和非常规作业，强化变更风险评估和控制措施的制订、落实。

（4）加强日常管理，定期对工艺流程中的阀门开关状态、驱动气源等配套设施的工况进行检查和维护，及时发现问题、整改隐患。

四、工程建设

1. 20000810 检修作业中毒窒息事故

2000 年 8 月 10 日，某油气矿净化厂引进车间发生一起硫化氢中毒事故，造成 1 人死亡，1 人受伤。

事故经过

2000 年 8 月 10 日，某油气矿净化厂车间检修吸收塔，清除塔底淤泥。第一组作业人员从塔底撤出后，用水冲洗塔底，直至流出清洁的水；第二组人员 1 人下塔，1 人在塔上部监护。联络中断后，监护人员下塔，2 人相继发生硫化氢中毒，事故经过示意图如图 6-6 所示。其中 1 人因抢救无效死亡。

直接原因

吸收塔塔底残渣夹带的硫化氢释放后，硫化氢浓度升高，导致中毒。

间接原因

（1）作业人员违章作业，在冲洗后未对硫化氢浓度进行重新检测，未佩戴个人防护用品，盲目进塔作业。

（2）监护人员在作业人员中毒后，在未佩戴个人防护用品的情况下，盲目下塔施救。

图 6-6 事故经过示意图

案例警示

（1）受限空间作业必须办理作业许可，严格执行进入受限空间管理规范，进行有毒有害气体浓度和氧气浓度的检测。

（2）作业前，应进行工作前安全分析，针对有毒有害气体、易燃易爆气体、缺氧等风险，对受限空间内的气体按时间间隔进行检测，正确配备个人防护用品，落实防护监护措施。

（3）作业前，应落实现场应急措施和应急装备，杜绝盲目施救。

（4）进行关键作业、高危作业的人员须先接受培训，经考核合格后方可作业。

2. 20060220 检查水封罐漏点窒息事故

2006年2月20日上午，某建设集团化建公司球罐分公司到合成氨装置火炬系统检查蒸汽伴热系统冻堵泄漏情况。在检查卧式阻火器水封罐罐内是否有漏点过程中，3人先后进入罐内，因氮气窒息死亡。

📈 事故经过

2006年2月20日上午，某建设集团化建公司球罐分公司经理A某带领3名员工，按照要求沿线检查火炬系统，当检查到阻火器水封罐外时，发现有一闸门冻裂，当时分析罐内是否也存在冻裂现象，于某在没有经任何请示，不了解罐内情况的前提下，擅自决定进入罐内进行检查。由于罐内充满氮气，于某当即窒息晕倒，其他二人先后盲目进罐施救，也相继晕倒，导致3人死亡。事故现场如图6-7所示。

图6-7　事故现场

💡 直接原因

卧式阻火器水封罐内充满氮气，造成进入罐内的三人窒息并迅速昏迷，导致死亡。

💡 间接原因

（1）未办理进入有限空间作业许可，未对容器内气体进行检测分析，盲目进罐作业。容器内部情况如图6-8所示。

（2）出现险情后，在未佩戴正压呼吸器的情况下盲目进罐施救，导致事故扩大。

图6-8　容器内部情况

（3）临时性检维修项目生产组织混乱。此次作业没有下达任务通知书，没有进行技术交底和告知有关安全注意事项，球罐公司施工前未经许可自行组织施工。

（4）建设单位现场管理混乱。整个施工作业无人监管，罐内充满氮气，却没有明显的安全标识。

（5）基层干部带头违章。球罐公司领导违章组织生产，违规进入罐内作业，盲目进行施救。

⚠️ 案例警示

（1）必须对储存、充装有毒有害气体的容器、场所设置警示标志。

（2）必须加强对施工相关方的管理，及时与相关方签订安全协议，进一步明确双方的责任义务。

（3）必须加强对外来施工人员管理，做好有关安全防范措施交底。

（4）在有毒有害场所发生事故进行应急抢救时，必须穿戴正压呼吸器。

3. 20080826 维修污水井中毒事故

2008 年 8 月 26 日，某公司采输作业部一污水池在维修施工过程中，发生一起中毒窒息事故，造成 2 人死亡，1 人重伤，1 人轻伤。

📖 事故经过

2008 年 8 月 26 日，某建设有限公司在进行污水池维修施工过程中，施工人员在没有采取任何通风和个人防护措施的情况下，违章在污水池内涂刷防腐层，因涂料中挥发出苯等有毒气体，导致 4 名施工人员中毒，其中 2 人经抢救无效死亡，1 人重伤，1 人轻伤。事故现场如图 6-9 所示。

图 6-9 事故现场

💡 直接原因

防腐涂料中苯含量达 31.4%，因施工现场未采取任何通风和个人防护措施，导致施工作业人员苯中毒。

💡 间接原因

（1）施工单位在污水池顶设置了防雨棚，进行防腐作业时没有采取强制通风，导致涂料中挥发出的有毒气体在污水池内积聚。

（2）防腐涂料中苯等有毒有害物含量较高，增加了施工人员的中毒风险。

（3）施工人员安全意识淡薄，对受限空间常见的有毒有害气体、易燃易爆气体、挥发气体等带来的风险认识不足，既没有采取必要的通风措施，也没有佩戴必要的防毒面具等劳动防护用品。

⚠️**案例警示**

（1）受限空间作业必须办理作业许可，进行气体检测，加强通风，配备合适的防护用品。

（2）作业前，进行工作前安全分析，辨识防雨棚等作业措施、防腐涂料等施工材料、低压阴雨等作业环境所存在的各类风险，属地单位应严格审核施工方案，并监督检查承包商现场各项防护措施的落实情况和施工方案的执行情况，对作业过程进行监督监护。

4. 20100425 洗涤塔停工检查氮气窒息事故

2010 年 4 月 25 日，某石化公司二联合工区聚丙烯装置 T502 氮气洗涤塔停工检查时发生一起氮气窒息事故，造成 1 人死亡。

📝**事故经过**

24 日聚丙烯装置正常检修后开工，装置流程示意图如图 6-10 所示。发现 D502 出料不畅，计划停工检修；25 日 10：00 左右实施系统检查，未发现异常；11：00 车间主任安排工程师对 T502 进一步检查，工程师安排班组在 T502 底部接工业风置换，没有对循环氮气系统采取工艺处置；13：00，施工人员拆除 T502 封头；14：00，在未落实受限空间作业安全措施的情况下，工艺技术员虞某进入 T502 上部采样，导致窒息死亡。

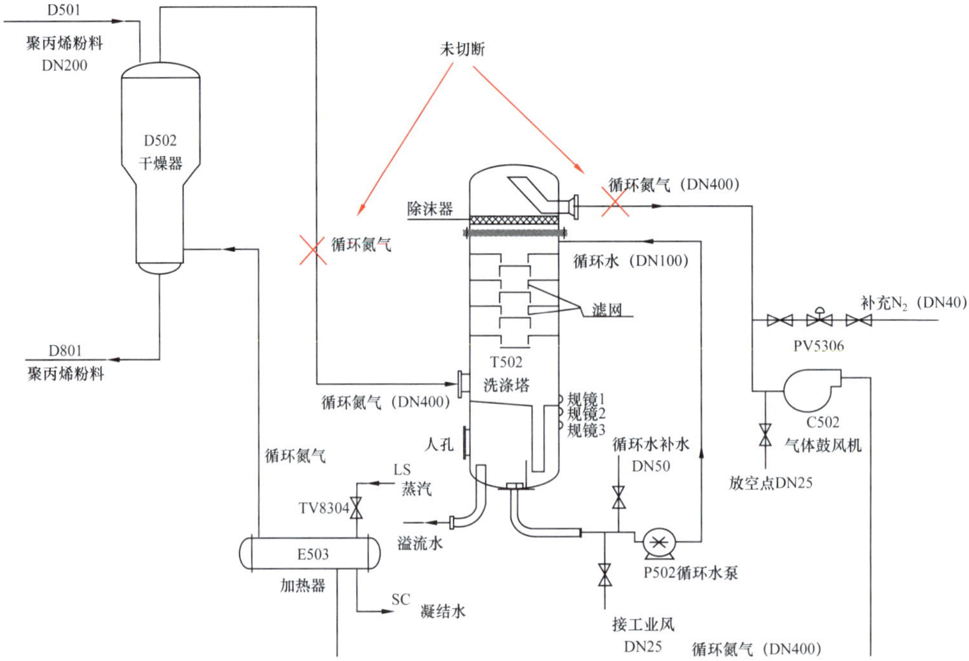

图 6-10 装置流程示意图

🔅直接原因

受限空间 T502 内氧含量不足，导致塔内作业的虞某氮气窒息死亡。

🔅间接原因

（1）工艺技术员虞某在未办理有效受限空间作业许可的情况下违规实施取样作业。

（2）工程师联系施工队伍进行检修工作时，没有下发书面联络单，没有进行安全交底。

（3）车间主任、工程师及班组成员没有组织有效的风险辨识，没有实施有效的工艺处置。

⚠案例警示

（1）应特别关注临时作业、现场故障处理和非计划停工等"小界面"交接措施落实，尤其是涉及设备管线打开，确保界面清晰、责任清楚、方案可靠、措施到位、全面受控。

（2）高危作业管理过程中，要将履行程序要求作为实施的重点，狠抓执行力。

（3）强化过程风险控制，认真开展工作安全分析，特别是作业过程的动态风险管理，在人员、设备、材料、技术标准、工艺参数等发生变化时，应重新进行危害辨识与风险评估并落实措施。

5. 20130726 清罐作业中毒窒息事故

2013 年 7 月 26 日，某销售公司加油站清罐过程中，发生一起中毒窒息事故，造成 2 人死亡，1 人重伤，1 人轻伤。

📈事故经过

2013 年 7 月 26 日，4 名承包商作业人员进入某销售公司一加油站作业现场，在口头安全教育后进行油罐清洗作业。

11：37，1 名清罐人员戴过滤式防毒面具和安全绳进入罐内，开始清罐，加油站经理带领 2 名员工和 3 名清罐人员监护。11：39，监护人员发现清罐人员昏倒，随即拽拉安全绳施救，由于安全绳佩戴方式错误，施救过程安全绳脱落，另 2 名清罐人员头戴过滤式防毒面具，在未系安全绳的情况下先后入罐内施救，不久即昏倒在罐底。最先入罐人员被加油站经理用消防钩救出，两名施救人员经抢救无效死亡。事故现场示意图如图 6-11 所示。

🔅直接原因

油罐内氧含量极低，承包商作业及施救人员因缺氧窒息。

🔅间接原因

（1）进入受限空间作业前，未检测氧气浓度和可燃气体浓度，盲目进罐作业。

图 6-11　事故现场示意图

（2）作业人员未按照施工方案要求使用能提供呼吸气源的正压式空气呼吸器或长管式呼吸器，错误地选择了过滤式防毒面具，致使作业人员在缺氧环境下作业窒息。

（3）施救人员缺乏必要的安全救护知识，盲目施救，造成人员伤害范围扩大。

（4）加油站管理人员安全环保履职能力不合格，不了解油罐内存在易燃易爆气体和缺氧的风险，未采取有效措施，未及时制止违章作业和盲目施救。

⚠案例警示

（1）进入受限空间作业前，必须办理作业许可，对有毒有害气体和氧气浓度等进行检测，采取通风、置换等措施，降低作业风险。

（2）应针对不同的作业风险，配备合适的防护用品，避免出现在缺氧的情况下，使用无法提供气源的过滤式防毒面具。

（3）严格开展施工作业前能力准入评估，对无法满足施工需要的承包商人员和关键设备，要及时进行整顿或清退。

（4）建立岗位培训矩阵，开展安全环保履职考评，通过培训和考评，及时发现管理人员和作业人员的能力"短板"，提高安全环保履职能力。

6. 20140422 检修作业硫化氢中毒事故

2014 年 4 月 22 日，某气田一处理厂（示意图如图 6-12 所示）将检修流程作为常态流程排气田水，发生硫化氢中毒，救护不当，造成 1 人死亡，1 人受伤。

📖事故经过

8:43，主岗发现泥水池液位低，安排副岗 1 停运外排泵，并叮嘱佩戴正压式呼吸器（泵房内硫化氢检测仪报警），要求副岗 2 监护。副岗 1 未佩戴呼吸器独自操作，如图 6-13 所示。

8:53，主岗发现副岗 1 无停泵回应，对讲机呼叫副岗 2，副岗 3 听到后到泵房查看，发现副岗 1 昏倒，副岗 3 未佩戴呼吸器进泵房救助副岗 1，未果，离开。

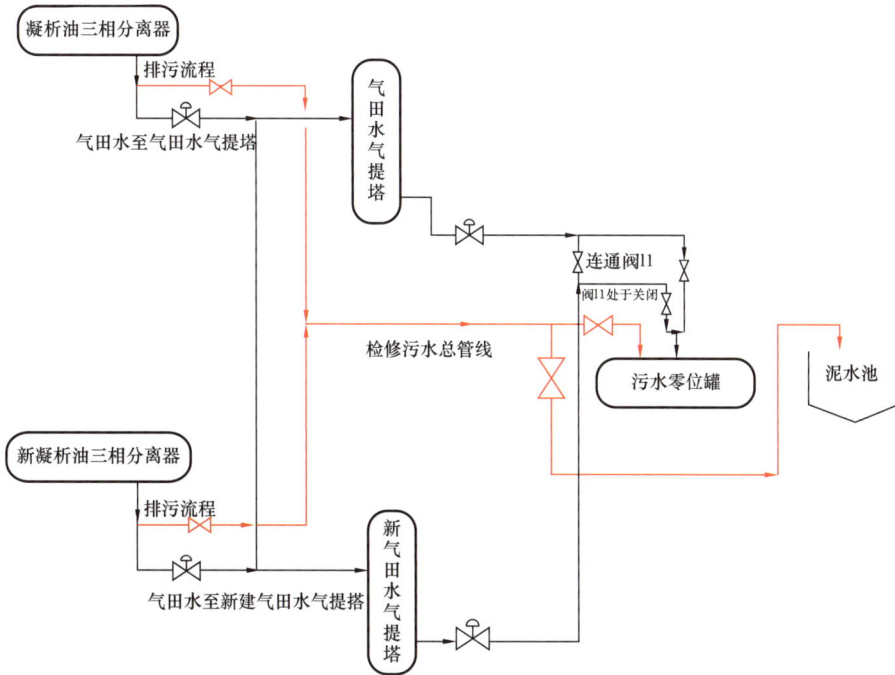

图 6-12　气田处理厂示意图

图 6-13　事故经过示意图

8：55，副岗 2、3 未佩戴呼吸器再次进泵房内救助副岗 1，副岗 2 晕倒，副岗 3 头晕回主控室。

8：56，副岗 4、5 佩戴呼吸器抬出副岗 2，副岗 1 体重沉未抬动。

8：57—9：17，其他人员到达现场，将副岗 1 抬出发现已无呼吸，对副岗 2 实施心肺复苏后送往医院。

9：45，医生到达现场，确认副岗 1 无呼吸、无心跳、瞳孔放大后放弃施救。

结果：副岗 1 亡，副岗 2 伤。

💡**直接原因**

气体窒息（中毒）：外排泵泵房内，硫化氢泄漏聚集，人员中毒。

正常流程：从三相分离器排出气田水，进入气提塔脱除硫后，进入污水处理装置；建有用于检修污水的收集和外排泥水池一座，其旁设有外排泵房一座，现场及内部情况如图 6-14 和图 6-15 所示。

变更流程：气田水总量从设计的 360t/d 增至 400t/d，超出的 40t 未经脱硫处理，直接进泥水池，经外排泵（启停 4 次 /d）外排至晒水池。泥水池功能从暂存介质从检修污水变更为含硫气田水。

图 6-14　泥水外排泵房现场图

图 6-15　泥水外排泵房内部现场图

💡**间接原因**

（1）违规操作：施工（生产）设施与原设计方案不一致情况下施工。将检修临时流程变更为常用固定流程，导致排水坑内介质变化（含硫），明知泵房内硫化氢报警，存在含量超标可能，仍进入泵房。

（2）救护不当：施救人员缺乏自救意识，不佩戴防护设施，导致伤亡，违反了"先自救后救人"的救护原则。

⚠️**案例警示**

（1）严格遵守变更管理流程，控制风险。

（2）加强员工安全教育和培训，提高员工的安全意识和能力。

（3）应急预案要有针对性和可操作性，完善应急演练，提高员工的自救互救技能。

7. 20140429 氮气置换作业中毒窒息事故

2014 年 4 月 29 日，某燃气公司在中压钢制燃气管道置换通气操作时，发生氮气窒息事故，造成 2 名员工死亡。

事故经过

2014 年 4 月 29 日，某燃气公司进行中压钢制燃气管道置换通气操作。17: 30，负责沿途巡检监护的 A 某在巡查至放散点附近时，发现 B 某正在进入放散阀井，监护人员 C 某在阀井边。片刻后，又听到 C 某叫喊，看见 C 某跳进了放散阀井内。

A 某跑到阀井旁，看到 C 某将 B 某抱起并试图托出井外，A 某立刻从井上帮助往外拉，但未能将两人拉住，C 某抱着 B 某一同摔入井中。

A 某立即用对讲机通知停止注氮作业，在对井内气体检测合格后，系好安全绳下井将两名员工从井下救出，C 某、B 某经抢救无效死亡。事故现场维抢修高压散放管、事故现场维抢修车内工具、事故阀井照片如图 6-16、图 6-17 及图 6-18 所示。

图 6-16　事故现场维抢修高压散放管

图 6-17　事故现场维抢修车内工具

直接原因

放散人员未按置换方案在末端阀井放散阀处安装放散设施，造成氮气在末端阀井内放散并聚集，作业人员进入阀井内操作时窒息昏迷，现场监护人员未佩戴防护用具入井盲目施救，造成两人氮气窒息死亡。

间接原因

（1）放散点处作业人员违章作业，在未安装放散装置的情况下，就告知注氮点具备注氮条件。

图 6-18　事故阀井照片

（2）现场监管人员未按置换方案要求，进行置换前作业条件的复核检查。

（3）维抢修队置换作业前未到现场核实，仅凭现场电话确认置换作业条件具备，就下达注氮置换作业指令。

（4）作业人员安全意识淡薄，对氮气引起窒息及氮气窒息死亡的风险认识不足。

（5）现场置换人员迫于用户催促和供气时间压力，盲目简化作业程序。

（6）巡检监护人员对违章行为没有及时提醒和制止。

（7）放散作业人员存在侥幸心理和麻痹思想。

⚠案例警示

（1）进入阀井应办理作业许可，按进入受限空间管理规范检测有毒有害气体、易燃易爆气体和氧气的浓度，检测合格方可作业。

（2）作业人员应佩戴正压式空气呼吸器、长管呼吸器等防护装备，做好个人防护。

（3）发生突发事件时，应在做好个人防护的前提下科学施救，避免发生次生事故。

（4）氮气置换等关键作业应开展工作前安全分析，针对窒息等风险，要落实相关安全措施，向涉及的相关方进行安全告知，并进行严格的现场监护。

8. 20160706 更换旧排水管线中毒事故

2016 年 7 月 6 日 11：30 左右，某油田承包商道路维护工程项目施工过程中，发生一起硫化氢中毒事故，造成 1 人死亡、3 人轻伤。

📑事故经过

2016 年 7 月 6 日 9：00 左右，承包商施工队来到新建排水井处，打开井盖观察，发现井内气味较大，无法施工作业，未关闭井盖并离开。11：30 左右，施工队在未进行气体检测的情况下，开始进行管线破口作业。一员工携带洋镐下入井内，破开管线，晕倒在井内。其他三名员工在无防护的情况下下井施救，相继晕倒，造成 1 人死亡，3 人受伤。

💡直接原因

旧管线破开后，污水流入井底，释放出大量硫化氢、氨气、一氧化碳等气体，有毒气体在排水井内聚集，作业人员冒险进入井内施工、盲目救援，导致多名人员窒息、中毒。

💡间接原因

（1）作业人员提前将旧管线开口，管线内存在的淤泥含有的硫化氢、氨气、一氧化碳等有毒气体大量溢出。

（2）硫化氢、氨气、一氧化碳气体密度大于空气，打开井盖自然通风达不到降低井内有毒气体浓度的作用，致使有毒气体在井内聚集，造成作业人员窒息、中毒。

（3）作业人员意识淡薄，违章作业，在未进行气体检测和佩戴防护用品的情况下，冒险下入井内作业。

（4）现场救援人员应急救援知识欠缺，在未采取防护措施的情况下，盲目下入井内救援。

⚠案例警示

（1）加强承包商资质管理、严把准入关。

（2）强化承包商作业过程监督，严禁以包代管，包而不管。

（3）加强承包商应急管理，提高应急处置能力。

五、其他行业

1. 20081112 夜间值班中毒窒息事故

2008 年 11 月 12 日，某公司供热站 2 名工作人员在门卫室进行非采暖期值班，发生一起一氧化碳中毒事故，造成 1 人死亡，1 人重伤。

事故经过

2008 年 11 月 11 日晚，某公司供热站 2 名值班人员在门卫值班室值班。夜间，两人从木炭库房取来木炭，放在洗脸盆内点燃取暖。次日清晨，司机来站多次叫门没有回应，打开窗户跳入值班室内，发现 1 人躺在床上已经没有知觉，另 1 人还在昏睡，经抢救 1 人死亡，1 人重伤。现场使用的炭火盆及事发现场及模拟图如图 6-19 和图 6-20 所示。

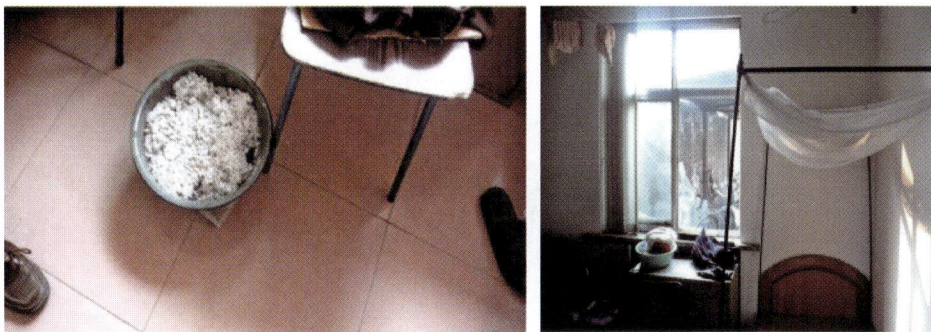

图 6-19　现场使用的炭火盆

直接原因

值班人员在夜班值班时点燃木炭取暖（使用洗脸盆盛装），造成一氧化碳中毒。

图 6-20　事发现场及模拟图

间接原因

（1）夜班值班没有有效的取暖方法。

（2）值班人员违反"夜间 1 人巡逻、1 人休息"的管理规定。

案例警示

（1）完善值班室取暖设施和通风设施，取消木炭取暖方式，做到本质安全。

（2）应强化夜间值班的管理和监督，执行值班期间定时巡检汇报制度。

（3）加强安全教育培训，提高员工冬季特殊时段的安全意识。

2. 20151015 打开管线堵板中毒窒息事故

2015 年 10 月 15 日，某热电厂除尘分厂备用管线放水过程中，发生一起中毒窒息事故，造成 2 人死亡。

事故经过

2015 年 10 月 15 日，依据冬季运行实际，除尘分厂对备用除灰管线进行放水工作，排空管线内存水，防止备用管线结冻。渣检班对 2 号备用管线进行例行存水检查。2 号线停用时间 9 月 21 日。

上午 9：10，渣检班代理班长 A 某开具检查灰管线放水情况动火和热力机械作业两种工作票，验证 2 号备用除灰管线（φ377mm×10mm）内是否存积水。

9：45 左右，A 某带领检修人员到达除灰管线工作现场，进行开孔作业。切开 2cm 时发现 2 号管线内有水，无法继续进行切割工作，A 某指示工作人员停止工作返回班组，待下午条件具备时继续工作。

在返回班组途中，A 某临时要求焊工班长 B 某、劳务人员 C 某共同到 3 号放水井拆除灰管线放水点堵板放水，以尽快达到工作条件，三人随即共同前往 3 号放水井。到达现场后，为防止堵板胶垫老化。A 某派 B 某回班组取新胶垫。10：40 左右，B 某返回放水井，发现人孔门已经打开，C 某趴在井内的 3 号除灰管线上，头浸在水中，B 某立即报告，分厂管理人员陆续到达现场，立即组织人员进行施救，事故现场如图 6-21 所示。

2 号除灰管线开孔处

3 号放水井

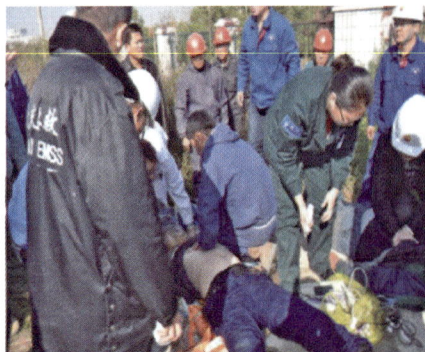

急救现场

3 号放水井内部图

图 6-21　事故现场

💡 直接原因

在打开管线堵板放水过程中，突遇有害气体溢出，导致 A 某与 C 某中毒晕倒在水中死亡。

💡 间接原因

（1）管道中灰水处于长时间的封闭条件，水中的硫酸盐还原菌与管道中的残余硫化物作用，产生硫化氢气体，并在管道的高部位聚集，在放水过程中溢出，致使 C 某中毒晕倒。

（2）A 某在井内状况不清，并未采取相关措施的情况下，盲目下井开展施救，自身也中毒晕倒。

（3）从管道堵板处排出的灰水，使井内积水深度达 90cm，中毒晕倒的人员头部浸在水中，导致死亡。

（4）操作人员岗位责任制落实不到位，未经许可擅自作业。

A 某超出当日动火作业和热力机械作业票规定的作业范围，违章指挥，擅自安排劳务人员 C 某进入 3 号放水井，打开 2 号灰水管道的堵板。

（5）违反除灰管路放水技术保障措施要求，下井作业前未对 3 号放水井井内有害气体进行检测，也未配备救生绳的情况下进行放水作业。

（6）风险辨识不足，防控意识不强，安全预防措施不到位，自身安全意识薄弱，施救措施不当，造成事故伤亡扩大。

（7）日常监督及针对性培训不够。针对工作票制度和受限空间作业管理规定培训不到位，日常监督工作存在死角，制度规程执行不到位。

⚠️ 案例警示

（1）严禁未经许可擅自进入受限空间作业。

（2）作业前进行工作前安全分析，辨识每个操作步骤、工作环境等存在的风险。

（3）严格执行作业规程，杜绝违章指挥与违章作业，确保各项规定动作落实到位。

（4）下井作业应配备有毒有害气体报警仪，作业前应进行有毒有害气体检测，配备救生绳等安全措施。

（5）提高基层作业人员安全意识，严禁盲目施救。

井喷失控，指井喷发生后，无法用常规方法和装备控制而出现地层流体（油、气、水）敞喷的现象。

井喷事故是一种十分有害的钻井事故，本部分共收集井喷事故典型案例9起，其中钻井工程4起、井下作业5起，原因主要在于试油压井、拆井口采油树、钻井作业、射孔等钻修井作业过程中，井控意识淡薄、压力控制错误、应急处置不及时不到位等。

为防范井喷失控事故，应严格执行有关规定，按照要求和指令组织作业，严禁违章指挥和违规作业；处理井漏时，及时发现溢流；提升应急处置不力，加强井控安全培训、应急演练等。

一、钻井工程

1. 20051226 试油压井施工井喷事故

2005年12月26日，某勘探公司一井队在试油压井施工过程中，发生井喷失控事故，未造成人员伤亡。

事故经过

2005年12月25日，井队在完成挤压井作业后，油压、套压均为0MPa，节流管汇畅通，无钻井液返出，按试油监督指令，组织甩钻具。

21：30，井口套压3MPa、油压0MPa，向油套管环空内注入钻井液，套压下降到0MPa。26日0：30，套压回升至4MPa，再次注入钻井液，套压下降到2MPa。6：30，第三次往油套管环空内注入钻井液，套压下降至0MPa。

7：05，油压、套压均为0MPa，无钻井液或油气外溢迹象，值班干部指挥班组人员起吊采油树，将采油树放到地上约2min，井口开始有轻微外溢，随即抢接变扣接头及旋塞。

7：15，抢接变扣接头及旋塞和抢装采油树均未成功，井口钻井液已喷到钻台面以上高度，井队紧急启动井喷失控应急预案，组织人员安全撤离现场，事故现场如图7-1所示。

至12月30日，压井成功。

图 7-1　事故现场

直接原因

起吊采油树，在拆装作业过程中井口失控，是事故的直接原因。

间接原因

（1）井队未按监督要求和指令组织作业，违规操作。

① 环空压力多次回升，表明井下压力不稳定，不具备拆装井口的条件。

② 26 日 6：30，向油套管环空内注入钻井液 17m³，套压由 4MPa 下降至 0MPa，7：05 值班干部指挥人员起吊采油树，未执行作业指令"压井后观察 8～12h、拆卸采油树前正挤钻井液"要求。

（2）对该井地质复杂性和工程方面存在的风险认识不足。

该井地层属于敏感性储层，酸压后沟通了缝洞发育储层，喷、漏同层，造成压井钻井液密度窗口极巷窄，井不易压稳。

（3）现场监督不力，监督指令下达不规范，没有严格督促作业队伍按指令要求执行。

巡井监督提出的施工要求口头下达给井队，井队在夜间进行换装井口作业时，驻井监督未能及时发现制止。

（4）井队技术力量薄弱，现场技术人员仅有一名毕业一年的助理工程师独立担任工程师岗，现场技术经验严重缺乏。

（5）应急技术缺乏，对硫化氢危害认识不足。

① 井队应急意识淡薄，未执行监督要求，油管变扣接头与旋塞未连接好，溢流发生后不能迅速连接，及时控制井口。

② 该井含硫化氢较高且气量较大，现场人员都没有佩戴正压式呼吸器，井口抢接旋塞和采油树失败后，只好将人撤出，导致井口失控。

（6）井队在拆装井口作业时，未通知监督和井控服务人员，使作业过程缺乏监督和技术指导。

⚠ 案例警示

（1）试油压井等施工作业，应严格执行有关规定，按监督要求和指令组织作业，严禁违章指挥和违规作业。

（2）换装井口之前，应确保井压稳定后再进行。

（3）压井停泵后，观察 8～12h，在观察过程中，在时间段内记录静态下地层漏失量，油压、套压稳定后，方能拆采油树。

（4）作业前，进行全面的风险辨识，尤其是复杂地质、高含硫气井。

（5）加强承包商作业现场监督管理，确保承包商作业过程可控。

（6）拆装井口作业应由监督指导、井队工程师亲自指挥。

（7）换装套管头及采油树应由工程技术部负责现场技术指导。

（8）完善易漏、易喷复杂地层以井控为主的钻井试油技术管理规定并进行相应培训。

2. 20070909 钻井作业井喷着火事故

2007 年 9 月 9 日，某钻井队承钻的一油井发生了一起井喷失控着火事故，造成 1 人死亡。

📈 事故经过

2007 年 9 月 9 日，该井钻井液最高全烃含量达到 18.67%，停钻循环。11：45，全烃含量降至 0.2%，开始短起下钻测后效。

起到第 11 柱时，钻具上提力增加，司钻初步判断为井下抽吸。起完第 12 柱时，发现上提钻具时出口槽有少量钻井液流出，停止起钻时出口槽无钻井液流出，工程技术员及当班司钻判断，可能是井下发生抽吸。

13：20，接方钻杆循环，很快井口反出钻井液，出口槽溢流，喷出钻井液将司钻击倒，刹把失控，方钻杆连同钻具坠入井内。工程技术员及副司钻见状，返回钻台将司钻救起，并试图继续上提方钻杆，因见大绳有断股，停止操作。

由于喷势增大，远程控制台被火焰包围，无法实施关井。1 名井架工沿井架绷绳逃离井架落入火中死亡。事故现场如图 7-2 所示。

图 7-2　事故现场

💡直接原因

（1）在停泵活动钻具和起钻工况下，由于循环压耗的丧失和钻柱上提的抽吸力的共同作用，抵消了部分钻井液静液柱压力，导致地层气体大量侵入井筒，发生井喷，引发着火。

（2）在二层台上作业的井架工没有及时从井架撤离，从井架绷绳下滑落入火中。

💡间接原因

（1）对本井是否钻遇气层认识不足，警惕性不高，尽管气测显示全烃最高值达18.67%，经循环全烃值降为零，仍认为储层不含气。

（2）思想麻痹、判断失误，在起 11 柱钻杆灌不进钻井液和起 12 柱钻杆环空钻井液上返的情况下，仅凭大钩负荷误认为起钻抽吸，未能及时准确判断出溢流。

（3）司钻对井下出现溢流情况缺乏判断经验，反应不及时、处理不果断，工作中忙中出错。在紧急情况下，被突然喷出的钻井液击倒，刹把失手、钻机失控、游动系统运行失灵。

（4）司钻发出关井信号后，班组各岗位未严格执行"四·七"动作程序，副司钻和工程技术员，没有实施远程控制台操作，而是共同跑上了钻台，从而错失了关环形防喷器的有利时机，导致了井喷失控。

（5）井架工听到关井信号后，反应迟钝、动作慌乱，未及时从井架上撤离，等井喷失控并起火后才无奈爬上天车台，错过了逃离时机。

（6）作业人员识险能力不强，配合、协调能力差，内钳、外钳人员在第一时间逃离钻台经过远程控制台时，在慌乱中没有想到去关封井器。

⚠️ 案例警示

（1）充分辨识复杂断块油藏构造复杂、砂体小、断层多、底油（水）顶气储层分布等在钻井过程中存在的井控风险。

（2）有效落实井控措施，遇储层有气可能产生溢流时，按照钻井井控实施细则规定的"四·七"动作及时采取停止起钻和关井措施。

（3）树立"疑似溢流和发现溢流必须及时关井"的意识。

（4）加强日常应急演练，尤其是井喷应急演练，提高应急操作技能。

（5）对当地油田多次发生井涌、溢流、气窜的产生原因进行系统分析，引以为戒。

（6）加强关键岗位人员培训，尤其是新员工的岗前培训和井控培训，提高其操作技能。

3. 20130419 钻井作业井喷事故

2013 年 4 月 19 日，某油田一井发生井喷事故，未造成人员伤亡。

📋 事故经过

2013 年 4 月 19 日 1：20，钻至 1461m 时发生井口失返，漏失钻井液 50m³（密度 1.14g/cm³），停钻，打水泥进行堵漏。环空灌入堵漏浆（1.14g/cm³）18m³，井口未见钻井液液面。

1：50 起钻，起钻过程中，用钻井泵每起三柱灌浆一次，共灌入钻井液 5.91m³。起钻至井内剩余最后一柱钻铤时发生井喷。因喷势过猛，抢挂吊卡未成功，井口一半方瓦被喷出，井内钻具上顶，安全卡瓦挂在游车盖板上。迅速实施远控台关井，司钻固定刹把后撤离到集合点。井口钻具上提示意图如图 7-3 所示。

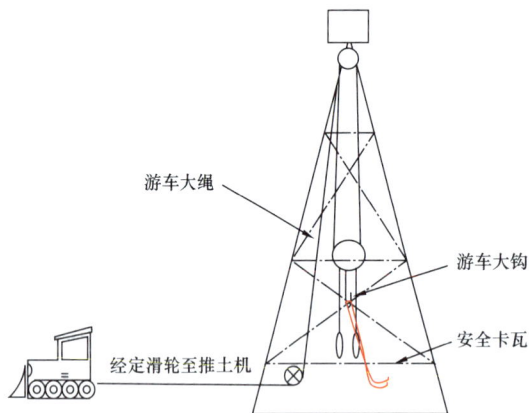

游车大绳

游车大钩

安全卡瓦

经定滑轮至推土机

图 7-3　井口钻具上提示意图

20：05，在消防车、固井车连续向井口、井内喷水掩护下，用拖拉机拖钻机快绳起出井内钻具，关闭全封闸板防喷器，井口得到有效控制。事故经过如图 7-4 所示。

💡 直接原因

发生井漏和随后起钻的处置措施不当，致使环空液柱压力小于地层压力，使已经打开油气层的地层流体进入井筒，发生井喷。

间接原因

（1）处理井漏时，已经揭开了多套油气层，灌浆不到位，溢流发现不及时。当环空液柱压力降低失衡后，这些油气就会进入井筒，导致溢流井喷。

（2）应急处置不力，未能控制井口。

在井喷初期喷出物为钻井液的情况下，班组人员没能成功用吊卡强行起出井口最后一柱钻铤，或抢接防喷单根，实施关井，失去了控制井喷的机会。

图 7-4　井喷事故现场

案例警示

（1）钻井地质设计中，应对油气层段的提示从本油田主力油层的开始层位开始描述，并对可能发生的井漏、漏转喷的风险进行提示，提出预防和处理措施。

（2）发生井漏应立即停钻并采取堵漏措施。

（3）在油气层已钻开的情况下，起钻前按照井控实施细则的规定进行短程起下钻，检测井筒是否平稳。

（4）起钻中执行工程设计要求，进行连续灌浆，严禁按照习惯性做法，起三柱钻杆灌一次钻井液。

（5）在起钻到表层套管时，进行静止观察，确认是否有油气上窜。

（6）针对油田多口井在一开、二开中多次发生井漏，甚至钻井液失返，应进行风险评估。

4. 20181221 某油田钻井井喷事件

2018 年 12 月 21 日 14：46，某钻探工程有限公司下属分公司某钻井队承钻的某油田某井，在下尾管作业过程中发生溢流，关井后井口未形成有效控制，引发井喷。现场应急指挥部强力组织、有序处置，历时 79h，解除险情。整个过程未发生人员伤亡和次生灾害，未造成环境污染，也未引发负面社会影响。

事故经过

21 日 8：15—11：28，下套管准备，其间吊灌 7 次，每次 0.5m³，分别于 8：50、10：00 先后两次监测液面，分别在 410m、386m。期间套管服务队维修液压站、套管钳 108min。

21 日 11：28，开始下尾管作业（计划下入 724.76m），之后于 11：55 开始约半小时监测一次液面，先后 6 次分别测得液面距井口 370m、240m、221m、220m、221m、232m。

21 日 14：46，下至第 23 根时（入井管柱结构：5in 引鞋 ×1 支 +5 割缝筛管 ×6 根 +

5in 套管 ×17 根，管柱长 260m），钻井液工发现高架槽钻井液返出，立即跑上钻台向司钻汇报，在此期间井内钻井液涌出井口，司钻立即发出报警信号，下放管柱至转盘面，钻台人员立即将大门坡道旁的防喷单根吊至钻台。

14：50—14：52，防喷单根入小鼠洞后，井口人员将 5in 套管吊卡更换为 $3\frac{1}{2}$in 钻杆吊卡，扣好防喷单根后，司钻上提防喷单根至井口对扣，此时钻井液上涌至转盘面以上 1m 左右，抢接 6 次不成功，在此期间钻井液涌至转盘面以上 3m 左右。

图 7-5　喷出落到井场左侧 13 根套管

14：53，工程师随即操作司控台关环形防喷器，钻台上其他人员撤离，环形防喷器关到位后，钻井液依然涌出，管柱开始上顶喷出 4 根套管，钻井监督下令关剪切防喷器。

14：55，工程师跑下钻台到远控房，打开限位，关闭剪切闸板，打开旁通阀。期间又分两次喷出 13 根套管（如图 7-5 所示），平台经理到远控台又关闭了 $3\frac{1}{2}$in 和 4in 两个半封闸板，钻井液上涌高度回落至转盘面，1min 左右又再次喷出，喷高近 50m，现场立即停车停电，人员撤离。

直接原因

下尾管筛管作业过程中吊灌钻井液不足，井内压力失衡造成溢流井涌，关井不成功导致井喷。

关井不成功的原因：

下尾管作业时发生溢流，由于尾管管柱没有内防喷措施，关闭环形防喷器未形成有效密封，环形防喷器关井失败，导致井喷。

关闭剪切闸板未能剪断井内管柱，剪切防喷器关井失败，导致井喷。

间接原因

（1）溢流发生原因：

一是油气活跃，溢漏同层。本井储集体较大、气油比高（18000m³/t），油气显示活跃，全烃值高达 99.84%。溶洞裂缝异常发育，完井作业在漏溢同层复杂情况下进行，油气置换快，漏喷转换快。

二是未按规定吊灌钻井液。该井三开以来一直处于溢漏同存的复杂状态，在下尾管协调会上，钻井监督要求每 30min 吊灌 1 次，而钻井队从 11：28—14：46 的 3h18min 内未吊灌钻井液，钻井监督也没有发现和纠正，造成井筒压力失衡，引发溢流、井涌。

（2）未及时发现溢流原因：

下套管期间，11：55—12：25 井筒液面从 370m 上涨到 240m（对应容积 3.9m³），在未灌浆的情况下，液面不降反涨，说明已发生井筒内溢流，但钻井队和液面监测队未意识到，未采取有效措施，失去溢流预警和处置有利时机。

（3）半封闸板防喷器未起作用原因：

由于钻井液上涌、钻台湿滑、视线不良等原因，6次对扣抢接防喷单根未成功，$3\frac{1}{2}$in半封闸板防喷器无法封井。

（4）套管上窜原因：

关闭环形防喷器后喷出口径变小，油气喷速和上顶力快速上升，井内套管少重量轻，在上顶力作用下管柱上窜喷出。

（5）未能有效实施剪切的原因：

关闭剪切闸板期间，井内尾管在上顶力作用下处于快速上窜状态，影响剪切效果。

关闭剪切闸板程序不符合细则要求，工程师在没有打开旁通阀的情况下，关闭剪切闸板，储能器高压未及时进入控制管路，导致剪切压力不足。

管柱未剪断，未按要求启动气动泵增压进行剪切。

⚠️ 案例警示

本次井喷事故发生的因果连锁效应图如图7-6所示。

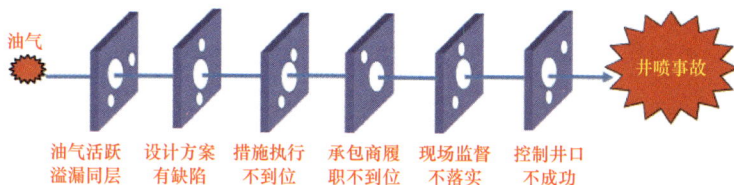

图7-6　因果连锁效应图

井喷事故的发生都不是一个孤立的事件，而是一系列互为因果的多米诺骨牌相继被突破导致的结果。任何一次井喷失控事故都是可以避免的。

本次抢险累计动用各类机具308台套，参与抢险人员共500余人，实行公司、企业、现场三级联动，是该单位近年来决策最快、力度最大、效率最高的井控应急处置。

二、井下作业

1. 19930928 射孔作业井喷事故

1993年9月28日，某石油管理局井下作业公司试油作业队在一口预探井进行射孔作业后，发生一起井喷事故，造成6人死亡，24人中等中毒。

📈 事故经过

1993年9月28日，某石油管理局井下作业公司试油作业队对某油田一口预探井进行射孔作业后，发生井喷，大量含硫化氢的气体喷出，造成村民6人死亡，24人中等中毒。

💡 直接原因

钻井、录井、测井资料都没有发现硫化氢，造成了对该射孔层地下情况缺乏全面准确详尽的认识，把这一层作为新层和油水同层进行常规试油，对所试层段中含硫化氢没有准备。

🔅 间接原因

执行制度不严的问题，没有严格按照设计要求组织施工，用总闸门代替防喷阀门。

⚙ 预防措施

（1）严格执行公司井控管理相关规章制度。

（2）严格执行工程设计和地质设计，含硫区块作业均采取防硫化氢措施。

2. 20030313 酸化作业井喷事故

2003 年 3 月 10 日，某油田某井进行酸化作业时，发生一起井喷事故，未造成人员伤亡。

📈 事故经过

2003 年 3 月 10 日，对某油田某井 5591.77～5745.70m 井段进行酸化，注入 466m³ 酸进行顶替时，油管挂双公短节螺纹断裂，导致油管落入井内 170 多米处。拆采油树，装防喷器组，经过四次压井，打捞油管成功，重新将油管坐在油管头上。

13 日，分别向油管及环空挤入一定量的钻井液压井，拆防喷器，当防喷器与油管头仅剩一颗连接螺栓时，发现油管内返出大量钻井液，用方钻杆对接油管挂不成功，油管内冒钻井液趋势增大，15min 后发生井喷，喷高 15～20m，停车、断电、人员撤离。后抢喷、挤压井成功，事故解除。

🔅 直接原因

压裂酸化中，采油树油管挂双公短节断裂是造成后续复杂工作的直接原因。

🔅 间接原因

（1）对该井压井和换装井口的难度缺乏足够认识，施工方案存在疏漏。

（2）压井作业没有为换装井口提供足够时间。

（3）发现油管内冒钻井液后，处理措施不当。

⚠ 案例警示

在换装井口前应先向井内注入大于井筒容积、其密度应足以平衡地层压力的钻井液，并观察一个大于换井口的时间，其后再注入一个井筒容积、密度同前的钻井液。

3. 20051226 拆装井口井喷失控事故

2005 年 12 月 26 日，某油田某井在拆装井口作业时，发生一起井喷失控事故，未造成人员伤亡。

📈 事故经过

2005 年 12 月 26 日 7:15，某井井喷失控，12 月 30 日 12:41 抢装旋塞阀成功，事故解除，整个抢险过程历时 101h26min，直接经济损失合计 216.7 万元。由于抢险过程中封锁了油田沙漠公路，造成一定的政治和社会影响，也给企业造成了不良影响。

💡 直接原因

井下压力不稳，不具备拆装井口的条件。井队未按监督要求，指挥起吊采油树。

💡 间接原因

（1）对该井重视不够，对地质复杂性和工程方面存在的风险认识不足。

（2）油田生产管理不到位，监督指令下达不规范且现场监督不力。

（3）油田市场管理不到位，没能及时发现施工队伍技术力量薄弱，没有采取相应整改措施。

（4）应急技术和对硫化氢的认识不足。

（5）井队在拆装井口作业过程中缺乏监督和技术指导。

⚙️ 预防措施

（1）高度重视含硫油气井，进一步加强技术力量的配备。

（2）大力加强对承包作业队伍的管理和监督。

（3）大力加强监督管理和人才储备。

（4）科学认识并正确防护硫化氢。

（5）完善试油井控管理制度，适应试油井控安全需要。

4. 20051230 下防落物管柱作业井喷事故

2005 年 12 月 30 日，某油田大修队在某井进行下防落物管柱作业时，由于措施不当，发生井喷事故，未造成人员伤亡。

📈 事故经过

2005 年 12 月 30 日，大修队在某井进行下防落物管柱作业，当下至第 22 根立柱时井口突然发生井涌。取小自封坐油管挂未成功，抢装油管旋塞阀、关防喷器，井涌得到控制。

大修队长指挥接反循环洗井出口管线，洗井约 10min 后出口气量越来越大，遂停止洗井。打开套管闸门向大罐放喷，约半分钟后油管上窜 9m，油管接箍卡在防喷器闸板处，出口天然气量猛增，反洗井出口高压管线弯头刺漏，人员撤离至安全地带。

启动压井方案，31 日 7:28 压井成功。事故现场如图 7-7 所示。

💡 直接原因

大修队在抢关防喷器、旋塞阀后，井涌已得到控制的情况下，没有严格按照应急程序规定装压力表测油、套压力；也未及时向上级有关部门汇报，擅自错误地采取反循环洗井，从而导致井喷事故的发生。

图 7-7　事故现场

💡间接原因

（1）在起管柱过程中现场采用 400 型橇装泵向井筒灌液，由于橇装泵排量大，造成了井筒灌满的假象。

（2）在下油管过程中，套管有水溢出，误认为是井筒满的情况下油管所排出的水，没有进行静止观察，未及时发现溢流。

（3）在未坐上油管悬挂器的情况下，没有采取防止油管上顶措施。

⚠️案例警示

（1）作业前，进行充分的工作前安全分析，辨识每个操作步骤、作业设备、作业环境存在的风险，落实防控措施。

（2）仔细关注起管柱、下油管等作业出现的各种现象，正确做出事故预判。

（3）落实灌液制度，做好灌液的跟踪记录。

（4）作业前明确详细的井控方法和措施。

5. 20060204 调层作业施工井喷事故

2006 年 2 月 4 日，某石油勘探局一作业队在某井调层作业时，发生一起井喷着火事故，未造成人员伤亡和环境污染。

📋 事故经过

该井是某油田公司一口生产井，射孔通知单注明射孔层位测井油气显示综合解释结果：油层及低油层。

2006年2月4日2:30，作业队、射孔队开始下炮，校深后点火起爆，电缆上提100多米时，井口工发现井口井涌，剪电缆抢关放炮闸门，通井机熄火。由于井内喷出液柱高达10m左右，放炮闸门难以关闭，打开套管闸门进行分流。3:05左右，井口南侧着火，人员撤离井口后，井口着火，启动应急预案，20:23，完成压井作业，成功控制井喷。事故现场如图7-8所示。

💡 直接原因

（1）对地质情况认识不足。

由于测井解释的不准确和射孔方式选择不当等原因，所射开的层位实际上是黄金带油田未开采过的层位，保持着原始地层压力，测井解释为油层，射开后该层为气层。

（2）井控安全意识不强。

未按照设计要求的密度使用卤水替净井筒内低密度液体，不能准确保证井筒内液柱压力符合设计要求。

图7-8　事故现场

💡 间接原因

（1）井口装置安装不标准，保障措施不到位。

射孔前没有对射孔闸门进行检验测试，不能保证及时、有效地控制住井喷；也没有连接压井管线和放喷管线，不能及时压井、放喷。

（2）施工作业人员未履行岗位职责，配合不力。

射孔过程中没有指派专人观察井口液面变化，井喷预兆出现后，施工操作人员配合不协调，行为不果断，未能在最短时间内剪断射孔电缆。

（3）员工井控知识掌握不够，对处理井喷突发事件的经验和应变能力不强，导致井喷初起时没有得到有效的控制。

（4）对该井及周边地质复杂性和工程方面存在的风险认识不足，针对射孔、丢捞封隔器等关键工序，对其风险识别不足，未采取针对性的安全技术措施。

（5）执行制度不到位，安全检查流于形式。

未建立作业施工方案设计与分级审批程序，没有进行有效的风险识别，井控日常演练没有落到实处。

⚠️ 案例警示

（1）作业前进行工作前安全分析，分析每一个操作步骤、作业设备及作业环境存在的风险，落实防范措施。工作前安全分析完成后，方可申请作业许可证。

（2）射孔作业过程中，严格执行施工设计。

（3）现场设备存在的隐患要及时整改。

（4）平时要加强员工的应急培训和演练，落实应急职责，提高员工的应急技能和水平。

（5）对复杂和地质情况不清地区的射孔井，采取油管传输射孔方式。

（6）改进放喷闸门为液压控制方式，确保电缆射孔在发生意外时实施快速关闭井口。

（7）加强高危地区、重点井、关键工序的井控管理工作，对射孔、解卡、挤化学药剂等安全隐患大的特殊工序，禁止在夜间及特殊天气进行施工。

第八部分

触电事故典型案例

触电伤害，指电流经过人体或带电体与人体之间发生放电而造成的人身伤害。包括雷击伤亡事故及因触电导致的坠落事故。触电伤害主要形式分为电击和电伤两大类。电击是指电流通过人体内部器官，使人出现痉挛、呼吸窒息、心室纤维性颤动、心跳骤停甚至死亡。电伤是指电流通过体表，对人体外部造成局部伤害，如电灼伤、金属溅伤、电烙印。本部分共收集触电事故典型案例8起，其中钻井工程1起、井下作业2起、工程建设4起、其他行业1起，原因主要是在日常生产生活中，电气设备设施没有实现"装得安全、拆得彻底、用得正确、修得及时"，事故共导致10人死亡。

为了防范事故发生，应严格执行安全月用电要求，严格执行作业许可的相关规定；强化承包商施工作业管理，扎实开展工作前安全分析，尤其对变压器、配电室等电气设备区域，0区、1区等防爆危险区域的风险辨识要全面，针对由作业环境、气候条件改变所引起的相应风险要辨识充分。

一、钻井工程

违章移动清洗机触电事故

某年7月某日10：05左右，某钻井公司承钻的某井正常钻进，在冲洗设备过程中发生触电事故，造成1人死亡。

事故经过

某年7月某日10：05左右，某钻井公司承钻的某井进行正常钻进时，当班外钳工A某和B某一同在振动筛处搞卫生。A某先将移动式水压清洗机从一号钻井泵尾部的地面上拉至钻机水柜外的地面处，然后用水枪冲洗振动筛，B某用棉纱擦洗振动筛，并由钻工C某在双联泵处负责开关电源及监护。A某在冲洗设备过程中，为便于冲洗振动筛的各个部位，手握水枪，反复拉动高压水管线以便移动水压清洗机，导致移动式水压清洗机左橡胶轮掉落，胶轮外侧铁夹板正好压住移动式水压清洗机电源线（中型橡套移动电缆）。在清洗过程中，因移动式水压清洗机在工作运转中不停抖动，致使该滚轮外侧铁夹板外缘与电源线形成抖动切割状态，进而磨破电源线的防护层和绝缘层产生漏电，电源经过铁夹板至移动式水压清洗机至高压水管线金属网传输至水枪，A某被触电击倒。监护人C某见状立即急跑到配电房关闭电源，A某经医院抢救无效死亡。

直接原因

违章操作：使用过程中未停机移动水压清洗机，而用拉动高压水管线来移动水压清洗机。

间接原因

（1）使用移动式水压清洗机前未进行检查，未及时发现并整改移动式水压清洗机左滚轮铁夹板松动这一隐患。

（2）清洗机未接地。

（3）A某的安全意识不强，未将移动式水压清洗机电源线整理盘绕在支架上，而散落在移动式水压清洗机周围。

案例警示

（1）加强全员安全意识教育，强化员工安全生产技能和自我保护意识的培训，消除人的不安全行为。

（2）建立健全安全生产管理制度，并采取有力措施使之得到严格执行。

（3）设备、设施在使用前必须认真检查，及时发现和消除存在的隐患。

（4）加强安全生产监督检查力度，及时纠正"三违"行为。

二、井下作业

1. 20000513 打桩施工触电事故

2000年5月13日，某油田采油厂作业大队准备队在某井打桩施工时，发生一起触电事故，造成1人死亡。

事故经过

2000年5月13日，某油田采油厂作业大队准备队在某井打桩施工中，因井场狭小，且场地较松，打桩车下沉下滑，致使油梁顶端与10kV高压线过近，1人因电击死亡。

直接原因

村民不允许打桩，井场作业场地狭小；作业场地为洼地垫沙土形成，非常较松。

间接原因

施工前对现场环境勘察不仔细，对现场土地松软重视不够。

案例警示

（1）加大员工安全教育培训力度，提高安全防范意识。

（2）进一步落实岗位责任制。

（3）实行开工许可证制度。

2. 20050310 修井作业触电事故

2005 年 3 月 10 日，某油田井下作业公司某作业大队在某井修井作业时，发生一起触电事故，造成 1 人死亡。

📝 事故经过

3 月 10 日 20：30，某油田井下作业公司某作业大队 A 某带领当班人员在某井下完打捞管柱后，准备收工。A 某安排 B 某和 C 某看井。B 某为了看井方便，在未断电的情况下移动照明灯，触电死亡。

💡 直接原因

作业人员违章作业，在未断电情况下移动照明灯具。

💡 间接原因

使用不合格漏洞的照明灯具，且未使用安全电压。

⚠️ 案例警示

（1）加大员工安全教育培训力度，提高安全防范意识。

（2）进一步落实岗位责任制。

（3）选用质量合格的照明灯具，且使用安全电压。

三、工程建设

1. 20090626 加油站停电维修触电事故

2009 年 6 月 26 日，某销售公司加油站在停业维修维护罩棚过程中，发生一起外来施工人员触电亡人事故，造成施工单位 3 人死亡。

📝 事故经过

2009 年 6 月 26 日，施工人员准备对某加油站罩棚檐板进行喷漆作业，加油站站长看到后进行制止，告诉施工人员等他换完工作服后再进行作业，并提醒罩棚外有高压线。加油站站长换工作服之际，四名施工人员继续进行作业，一名施工人员站在脚手架上面扶着油漆桶，三名施工人员推着脚手架从罩棚西侧沿西北边临近加油站进出口的小斜坡（坡度小于 6%）往罩棚北侧移动，不慎将脚手架一个万向胶轮推至水泥路基下，造成脚手架倾斜，触到加油站外部 10kV 高压线，致使推脚手架的 3 名施工人员触电，现场人员立即拨打了"120"急救电话，3 人经送医院抢救无效死亡。事故经过示意图如图 8-1 所示。

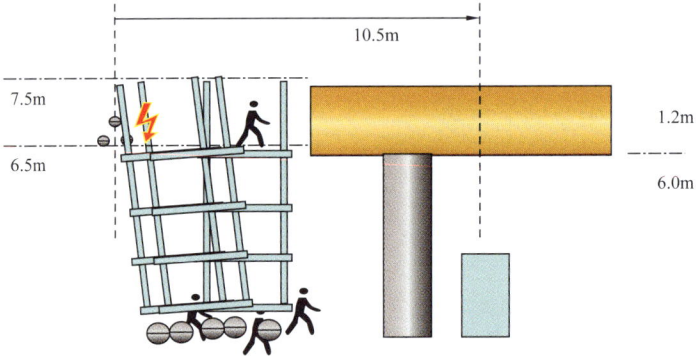

图 8-1　事故经过示意图

直接原因

地面 3 名施工人员在移动铁制脚手架时，当移动的脚手架与站外 10kV 高压裸线距离达到一定时，发生放电，高压线、脚手架、推动脚手架的 3 名施工人员、大地形成通电回路，致使触电事故发生，事故现场如图 8-2 所示。

图 8-2　事故现场

间接原因

（1）现场作业面设置不符合施工现场临时用电安全技术规范要求，在建工程（含脚手架）的周边与外电架空线路（10kV）的边线之间不少于 6m，且没有采取任何绝缘隔离防护措施。而加油站罩棚与高压线的距离不足 6m，作业面处于二者之间，无法满足规范要求的前提下没有采取措施。属于违章作业。

（2）施工单位没有认识到现场高压线的风险，对于此类作业没有进行有效的评估，对高压线可能产生的危害估计不足，没有采取针对性措施。

（3）施工人员违章推动载人脚手架时，因操作不当，脚手架一侧胶轮滑至路基下，造成脚手架触及站外高压线。

（4）脚手架的四个万向轮在坡度不一的地面上不易操作且脚手架上载有人员，增加了操作难度。地面坡度容易造成下滑和局部路边沿石没有全部砌实完工等因素对使用移动式脚手架是否安全考虑不足。

案例警示

（1）严格承包商准入，对不符合要求的坚决予以清退。

（2）加强现场 HSE 管理与监督，有效开展风险辨识，全面推行属地，直线管理并加强风险管理。对基层单位重新进行风险识别和评估，制订防范控制措施，制定应急救援预案。保证制订的防范措施有针对性、有效性和可操作性。

（3）加强施工作业人员的 HSE 培训教育，严格施工现场管理，认真审查施工作业方案，作业许可证的填报，使承包商确实做到规范管理。

2. 20140625 通信系统改造施工触电事故

2014 年 6 月 25 日，某油气田一通信产业服务承包商公司，在一井站实施通信系统改造工程中，发生一起触电事故，造成 1 人死亡。

事故经过

2014 年 6 月 20 日，某油气田一通信产业服务承包商公司，在一井站实施通信系统改造工程时，因持续下雨而停工，25 日，承包商施工管理人员 A 某，在未接到甲方复工通知的情况下，通知施工作业负责人 B 某雨停可以作业。18∶50，B 某带领 C 某等完成管沟回填，开始清理现场。

19∶02，站在操作坑边的 C 某双手握住倾斜的光缆镀锌保护套管用力向上提举，试图将套管扶正靠在电杆上，B 某发现后立即大声提醒，但此时 C 某手握的保护套管已接近井站 10kV 变压器令克，令克处发出电弧，C 某随后倒地，经抢救无效死亡。事故现场如图 8-3 所示。

图 8-3　事故现场

直接原因

作业人员 C 某手握的光缆镀锌保护套管靠近井站 10kV 变压器令克，令克与钢套管间距离过近产生电弧，瞬间电流通过套管传至 C 某身体，导致电击死亡。

间接原因

（1）建设单位作业许可管理不当。作业申请人办理完作业许可证、HSE 入场证后，直接交给承包商施工现场负责人，施工单位在未得到甲方通知情况下，持准入证，代替甲方在作业许可证上签字后，开展井场光缆接入作业。

（2）作业人员 C 某已被告知明知变压器带电等风险且签字的情况下，擅自作业。

（3）作业期间变压器带电，因连日下雨，空气湿度增大，令克与金属间产生电弧的距离范围增大，导致 C 某在提举镀锌保护套管过程中，令克与套管间产生电弧。

（4）作业人员 C 某有心脏病史，电弧击伤后可能诱发心脏病，导致事故后果扩大。

⚠ 案例警示

（1）建设单位应严格执行作业许可的相关规定，在办理作业许可证后，应妥善保存，避免作业许可证被违规使用。

（2）承包商开展施工作业前，建设单位应抓好入厂管理，对入厂施工的承包商进行监督管理，杜绝承包商凭票、证自行入厂、自行施工的现象。

（3）作业前，应进行工作前安全分析，尤其对变压器、配电室等电气设备区域，0区、1区等防爆危险区域的风险辨识要全面，针对由作业环境、气候条件改变所引起的相应风险要辨识充分。

（4）建设单位应加强承包商作业现场的安全监督管理，杜绝承包商员工的违章行为。

3. 20141115 触碰高压线触电事故

2014 年 11 月 15 日，某销售公司在加油站施工过程中，水泥泵车混凝土输送管碰触高压线发生触电事故，造成 1 人死亡。

事故经过

2014 年 11 月 15 日，某建设工程有限公司在某销售分公司加油站改扩建施工现场进行新建站房顶部混凝土浇筑作业过程中，水泥泵车混凝土输送管触碰高压电线，造成正在站房顶部扶持输送管进行混凝土浇筑作业的 1 名员工触电死亡。

事故原因

（1）水泥泵车司机违章作业。
（2）资料员违章指挥施工。

⚠ 案例警示

（1）开展施工安全专项检查活动。
（2）开展对承包商的安全教育和考核。
（3）扎扎实实开展冬季安全生产大检查。
（4）明确和夯实工程建设安全监管责任。

4. 20180515 员工站在变压器上挑落电线触电事故

2018 年 5 月 15 日 17：13，某销售公司加油站员工 A 某，站在加油站专用变压器横担上，用木棍挑落 10kV 高压线上悬挂的纤维包装袋过程中，变压器高压侧（C 相）放电，造成 A 某触电坠落地面，经抢救无效死亡。

事故经过

员工发现加油站外的变压器高压线上（距离地面 7m 左右）悬挂一条白色纤维包装袋。

B 某回站发现高压线上有悬挂物，认为会造成油站电线短路，影响设备安全运行，

图 8-4　A 某违规登上变压器横担带电作业

准备清除高压线上的包装袋，但他未向供电部门和中卫分公司打电话报告。

B 某从马路对面的施工工地找来一根长 3m 的木棍，站到变压器下方东侧观察，无法从地面挑落高压线上的包装袋。

A 某跑到变压器下方围栏处。A 某从东北方向登上变压器围栏后，又爬到变压器横担上（距离地面 2.5m）站立，面朝东侧。

B 某将木棍递给 A 某。A 某高举木棍，用木棍另一端慢慢缠绕包装袋，将包装袋从变压器东侧挑落地面时，高压弧光放电，击中左手肘肩部、头部、脚部，从横担上坠落，导致死亡。事故现场如图 8-4 所示。

☀️直接原因

A 某违规登上变压器横担带电作业，高压弧光放电，击中左手肘肩部、头部、脚部，从横担上坠落，导致死亡。

☀️间接原因

（1）A 某站在变压器横担上与带电设备距离过近（如图 8-5 所示），左手肘肩部距离小于 10kV 高压线路安全距离（国家标准 0.7m）。

（2）弧光放电经头部、肘肩部与变压器上下两侧的已接地横担形成回路。

⚠️案例警示

（1）加强员工安全教育，员工不得私自接触变压器或排除变压器问题，发现事故隐患立即上报，由专业人员处理。

（2）变压器围栏高度不足 1.7m、围栏门未上锁等情况进行整改。

图 8-5　A 某站在变压器横担上与带电设备距离过近，高压弧光放电

（3）严格作业许可制度执行，所有非常规作业皆纳入作业许可管理，作业前进行风险分析，制订风险防控措施，按级别规范审批作业许可，严格按照规范要求作业。

四、其他行业

20060428 供电检修作业触电事故

2006 年 4 月 28 日，某石油管理局水电厂一供变电车间在检修 10kV 线路及配电变压器过程中发生一起触电事故，造成 1 人死亡。

事故经过

2006 年 4 月 28 日，电工 A 某、B 某、C 某和车间主任 D 某驱车前往现场检修 10kV 线路及配电变压器，中途 A 某分别安排了 B 某、C 某下车各自检修一段线路，A 某本应该到 N 井检修变压器及线路，却让司机把他送到远处的 W 井变压器，抵达后，D 某和司机回去。

D 某返原路返回过程中，突然看到电杆上的线路编号不是检修线路，迅速返回到 W 井变压器处，发现 A 某已趴在地上，经抢救无效死亡。事故现场经过如图 8-6 和图 8-7 所示。

直接原因

A 某在作业前，没有对检修变压器所属线路的名称和编号进行核对，没有拉开变压器低压刀闸和高压熔断器，也没有验电，就盲目爬上运行的配电变压器，违规操作是事故发生的直接原因。

图 8-6　右手抓住变压器 C 相高压引线接线头

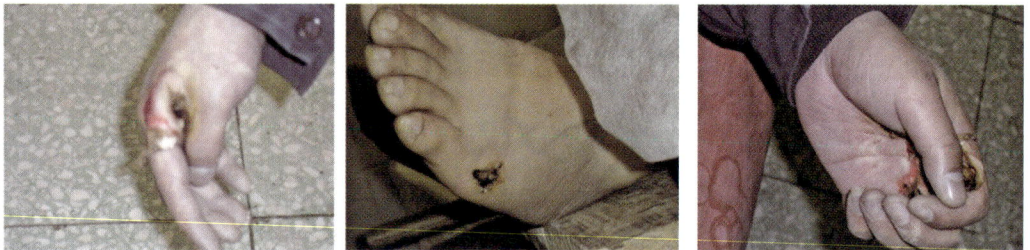

图 8-7　右手触电点、左脚放电点及左手放电点

间接原因

（1）现场管理人员违章指挥，每基杆塔没有设监护人。

（2）事故线路没标明线路名称、编号，给事故留下了隐患。

（3）D 某未交代工作内容和现场安全措施。

⚠️ 案例警示

（1）对所有基杆塔必须进行标明名称、编号。

（2）严格执行 GB 26859—2011《电业安全工作规程 电力线路部分》：

① 登杆作业时，应核对线路名称和杆号。

② 在线路上装设接地线前，应在接地部位验明线路确无电压。

③ 工作许可后，工作负责人、专业监护人应向工作班成员交代工作内容和现场安全措施。装设好现场接地线，工作班成员履行确认手续后方可开始工作。

④ 确保每个基杆塔设有一个监护人。

⑤ 工作负责人、专业监护人应始终在工作现场对工作班成员进行监护。

（3）加强 GB 26859—2011《电业安全工作规程 电力线路部分》培训和学习，确保员工熟练掌握规程。

第九部分

坍塌事故典型案例

坍塌事故，指物体在外力或重力作用下，超过自身的强度极限或因结构稳定性破坏而造成的陷落或倒塌事故，如加油站罩棚倒塌，挖沟时的土石塌方、脚手架坍塌、堆置物倒塌等，不包括因爆炸、爆破等导致的坍塌。这类事故因塌落落伍自重大、作用范围大、伤害人员较多、后果严重。

本部分共收集坍塌事故典型案例9起，其中钻井工程2起、井下作业1起、采油作业1起、工程建设5起，原因主要是在施工作业过程中，对施工现场风险控制措施未落实，土石疏松、作业面狭窄、设备操作错误、员工防护不到位等，事故共造成14人死亡。

为了防范事故发生，应在组织施工前，召开安全会，没有进行安全风险评估，盲目施工，降雨等特殊原因停工后，在恢复作业前，应重新进行工作前安全分析，辨识每一操作步骤存在的操作风险和环境风险，补充、完善相关风险防控措施；扎实开展现场安全检查，确保管沟等符合安全要求、安全措施落实到位、员工逃生通道完备；提升现场人员安全意识。

一、钻井工程

1. 20120310 土石方施工作业坍塌事故

2012年3月10日，某钻探公司施工队在某钻前工程现场施工时，发生一起坍塌事故，造成1人死亡。

📝 事故经过

2012年3月10日16：00，某钻探公司施工队装载机操作手在钻钱现场进行土石方倒运作业，操作手驾驶装载机卸土石方后的回退过程中，装载机左后轮外侧距离安全警示带约0.7m处，临时边坡突然塌方，装载机失稳，装载机配重块右侧撞击临时边坡上部泥土，装载机翻转180°，落在临时边坡下方4.7m处的工作便道上，装载机底部朝天，驾驶室严重变形，操作手被困在装载机驾驶室内死亡。事故现场如图9-1所示。

图 9-1　事故现场

直接原因

装载机倒车时翻转 180°，驾驶室严重变形，操作手被困在装载机驾驶室内死亡。

间接原因

（1）塌方土石中砂含量较高，土质疏松。

（2）由于连续下雨，雨水侵入土壤，土壤含水量增大，造成土壤承受能力减弱，抗剪切力降低。

（3）作业面通道狭窄，临时边坡较陡（大于 70°），上下作业面高差达 3.8～4.7m。

（4）安全警示线距临时边坡边缘的距离约 1m，下雨后未及时调整。

案例警示

（1）因连续降雨等特殊原因停工后，在恢复作业前，应重新进行工作前安全分析，辨识每一操作步骤存在的操作风险和环境风险，补充、完善相关风险防控措施。

（2）施工组织设计和专项施工方案中，应对作业带宽度、临时边坡比提出具体要求，进行降坡处理，保证作业带满足施工和应急的需要。

（3）现场监护人员应进行相关培训，及时发现各项作业安全措施存在的问题和隐患。

2. 20180226 某石油工程公司井架倒塌事故

2018 年 2 月 26 日，某石油工程公司某钻井队在某工区起升井架过程中，发生井架倒塌事故，造成四节井架报废。

事故经过

2018 年 2 月 26 日，某石油工程公司某钻井队在某工区起升井架，当井架起升至处置状态，液压缓冲缸复位，刹把操作工龙某摘离合器。此时，井架发生较大晃动，为稳定井架龙某再次挂离合器以带紧起升大绳，井架大腿与人字架已完全接触。在起升大绳和快绳拉力共同作用下，井架第二节下端后侧 30cm 处发生扭曲破坏，致使井架结构失稳，瞬间倒向侧后方。发生井架倒塌事故，造成四节井架报废。事故现场如图 9-2 所示。

图 9-2　事故现场

⚙️直接原因

人员的技术能力和风险意识欠缺，刹把操作人员判断失误、操作失误，操作技能生疏。

⚙️间接原因

（1）在组织施工前，带班干部没有召开安全会，没有进行安全风险评估，盲目施工。

（2）作业人员没有按照操作规程组织施工，是造成事故的重要原因。

⚠️案例警示

（1）带班干部安全意识淡薄，作业人员应严格按安全操作规程，杜绝违章作业。

（2）强化安全教育培训，增强现场施工人员的安全意识，提高自我保护能力。

（3）施工前及时召开班前安全会，提出安全防范措施，特殊施工作业现场进行技术交底，制订安全防范措施和风险评估。

二、井下作业

199105 修井作业井架倒塌事故

1991 年 5 月某日，某技校实习队在某井穿大绳施工时，发生一起井架倒塌事故，造成 1 人死亡。

📋事故经过

1991 年 5 月某日，某技校实习队在某井穿大绳施工，在立井架时右前绷绳缺一地锚，在没有采取任何安全措施的情况下带班干部 A 某组织穿大绳，井架工 B 某系好安全带并按要求固定好。搬家时游动滑车放到离井口一侧约 2m，将大绳从天车引下大绳后，用单股大绳拴在游动滑车吊耳处，将游动滑车吊起放到离井口近一点，在吊起游动滑车时，由于井架右前绷绳缺一地锚，井架受力不均，井架突然向左侧倾斜导致井架倒塌事故，井架工从井架甩出，送往医院经抢救无效死亡。

💡 直接原因

安装队立起井架后带班干部明知道井架右前绷绳缺一地锚，在没有采取任何安全措施的情况下组织施工，是造成事故的直接原因。

💡 间接原因

（1）在组织施工前，带班干部没有召开安全会，没有提出穿大绳安全措施和安全注意事项，没有进行安全风险评估，盲目施工。

（2）带班干部安全意识淡薄，作业人员没有按照井下作业安全规范组织施工。

⚠️ 案例警示

（1）强化安全教育培训，增强现场施工人员的安全意识，提高自我保护能力。

（2）作业人员严格按安全操作规程施工，杜绝违章作业。

（3）施工前及时召开班前安全会，提出安全防范措施，特殊施工作业现场进行技术交底，制订安全防范措施和风险评估。

三、采油作业

20111216 天然气管道施工坍塌事故

2011 年 12 月 16 日，某油田工程建设有限公司在天然气管道施工中，发生一起坍塌事故，死亡 3 人。

📝 事故经过

2011 年 12 月 16 日，某油田工程建设有限公司项目部在某村天然气管道施工中，发生一起坍塌事故，死亡 3 人。

💡 事故原因

（1）管沟西侧降坡平台及山体塌方，作业人员被埋，致窒息死亡。

（2）管沟放坡未达到设计要求。

（3）风险识别不全面，对湿陷性黄土特性认识不够。

（4）施工方案执行不严，现场安全防范措施不到位。

（5）监理人员不到位，配置不合理，人员素质不够。

（6）监理管理措施落实不到位。

⚠️ 预防措施

（1）加大对承包商的安全管理。

（2）加大对工程监理履职情况的监管。

四、工程建设

1. 20040330 管线施工作业坍塌事故

2004 年 3 月 30 日，某石油勘探局项目部一机组在某井站—石化总厂管线施工过程中，发生一起管沟坍塌事故，造成 1 人死亡。

事故经过

2004 年 3 月 30 日，某石油勘探局项目部一机组班长带领 2 名机组人员及配合施工的民工共 8 人，到某河流流域南 200m 处进行管线连头作业。连头作业的管线埋深超过 2m，由于管沟较深，采取在管沟壁打桩的方式防止塌方。打桩采用长度为 6m，$\phi 89mm$ 的钢管，按 0.5m 的间距靠管沟壁并排竖立。

1 名机组人员在管沟内对管线焊口进行划线时，管沟东侧土方突然整块塌方，将该名人员压埋在土方下，经抢救无效死亡。事故现场如图 9-3 所示。

图 9-3 事故现场

直接原因

管沟东侧突然坍塌，作业人员躲避不及，被压埋在土方下，导致死亡。

间接原因

（1）管沟壁被水浸泡，承载力下降。施工现场处于河床边沿，开春后由于雨水、河水的浸泡等原因，而导致土质松软造成管沟壁承载力下降，出现塌方。

（2）安全防护措施存在缺陷。仅按常规情况下考虑 4.5m 深管沟的打桩防护措施，没有考虑到管沟周边环境对管沟壁的影响，护栏没有设计中部、顶部支撑桩及桩间防护栏，没有形成整体防护，致使土方滑脱塌方砸弯单根防护桩，造成大面积塌方。

（3）安全知识缺乏，现场安全监督不力。基层管理干部和安全监督人员的施工经验和安全知识不足，未认真分析现场地理环境，未能及时发现塌方前地面开裂的事故苗头。

案例警示

（1）管沟内作业应按受限空间作业的要求，办理作业许可，制订作业方案并逐步确认和落实。

（2）施工前，应进行工作前安全分析，辨识出每一步工作中存在的风险，尤其要辨识出特殊地理环境、特殊位置、特殊季节等所存在的风险。在可能存在山体滑坡、塌方风险的区域作业时，应预先制订并采取相应安全措施，并安排监护人员实行旁站监督。

（3）挖掘管沟时，应严格按规定采取放坡减压措施，易塌方或无法达到放坡要求的特殊地段，必须采取沟壁支护、挡板、防护箱等满足要求的安全防护技术措施。

（4）沟下作业应指定专人监护，监护人员和作业人员应始终保持有效的沟通，不得离开现场或做与监护无关的事情。

在进入沟下作业前，作业相关的人员都应接受培训，并考评合格。

2. 20100610 管线抢修作业坍塌事故

2010 年 6 月 10 日，某油田工程建设有限公司一工程处，在油田站外系统工程供水管线抢修施工过程中，发生一起坍塌事故，造成 2 人死亡。

📝 事故经过

2010 年 4 月，某油田工程建设有限公司一工程处的土方队伍抢修冻堵的油田站外系统工程供水管线，使用挖沟机对冻堵管线的管沟进行开挖晾晒，对冻堵管线进行解冻处理。

6 月 8 日，工程处人员发现管线有漏点，项目部安排工程处查找漏点。管线设计管顶埋深 2.8m，工程处人员在施工作业面进行放坡，用挖沟机清理余土。6 月 10 日，管线露出后，1 名作业人员和 1 名监护人员进入管沟清理管线的漏点时，管沟坍塌，2 人被掩埋死亡。事故现场如图 9-4 所示。

💡 直接原因

管沟塌方导致 2 人严重受压死亡。

💡 间接原因

（1）现场作业人员清理管沟作业面时，管沟双侧放坡不够，形成了易产生塌方的条件。

（2）现场作业人员违章操作，进入管沟内清理作业时，未办理受限空间作业许可。

（3）现场作业人员安全意识淡薄，对管沟双侧放坡不够易产生塌方的风险认识不足。

（4）现场施工作业的监护人员未履行监护职责，参与管沟内清理作业。

（5）对作业环境的动态风险识别不到位，4 月至 6 月期间，管沟长时间未施工，管沟壁随晾晒，冻层融化，承载力逐步下降。6 月份，施工机械在管沟旁边进行的漏点挖掘作业又进一步增大了管沟壁的载荷，最终导致塌方。

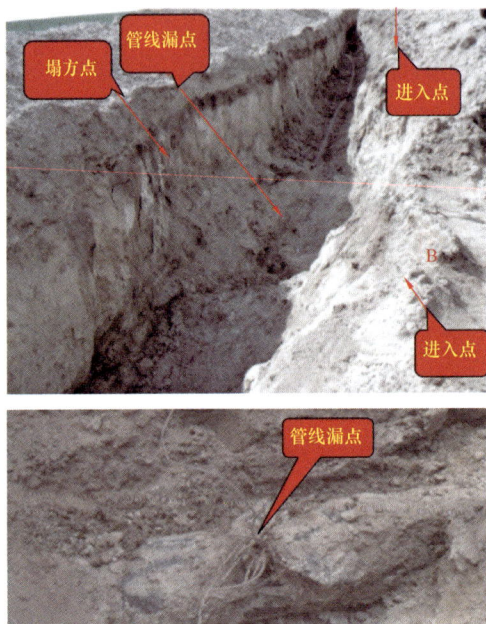

图 9-4　事故现场

⚠️ 案例警示

（1）工作前安全分析风险辨识要全面，尤其不能忽视特殊地理环境、特殊位置、特殊时间段所存在的施工风险，落实风险防范措施。

（2）沟下作业的施工方案应进行逐步确认和落实，并办沟下作业许可证。

（3）沟下作业所规定的放坡比例，要通过现场的实际测量，放坡未达到要求，严禁进行沟下作业。

（4）易塌方且由于条件制约而无法达到放坡要求的特殊地段，必须采取满足要求的安全防护技术措施，如沟壁支护、挡板、防护箱等。

（5）在可能存在山体滑坡、塌方风险的区域作业时，要预先制订并采取相应安全措施，必须安排监护人员一直监护周边的风险。

（6）沟下作业应指定专人监护，不得在无监护人的情况下作业，作业监护人员不得离开现场或做与监护无关的事情。监护人员和作业人员应明确联络方式并始终保持有效的沟通。

（7）在进入沟下作业前，作业相关的人员都应接受培训。

3. 20100630 管线施工作业坍塌事故

2010 年 6 月 30 日，某油田管道工程项目部在施工过程中发生一起管沟坍塌事故，造成 1 人死亡。

📖 事故经过

2010 年 6 月 28 日，因连日降雨和当地村民阻挠等原因，某油田管道工程项目部所进行的管线施工作业停止，6月30日复工。

30日16：00，机组长安排2人进入管沟测量管材长度，3名当地农民工也进入管沟清理管下泥土。

16：10，管沟南侧突然滑坡坍塌，将沟下6人埋入管沟，1人经抢救无效死亡。事故现场断面图如图9-5所示。

图9-5　事故现场断面图

直接原因

管沟坍塌造成6人被埋入管沟。

间接原因

（1）管沟放坡比不够，没有按照设计和管沟深度、土壤性质及施工方法等进行放坡。

（2）没有采取有效的防护措施。施工期间连续降雨，湿度较大，管沟承载力下降，施工单位未采取有效的支护措施。

（3）外雇的当地农民工在未经现场管理人员许可的情况下，擅自到管沟内配合施工人员作业，造成现场逃生通道拥挤，延误了最佳的逃生时机。

（4）现场管理人员监管不力，未及时制止3名农民工下管沟，在施工人员增多，交叉作业的情况下，未及时叫停施工作业。

案例警示

（1）施工管理人员在施工过程中，应严格按施工方案落实放坡、支护等安全措施。放坡未达到要求，严禁进行沟下作业。

（2）作业前，应进行工作前安全分析，注重辨识无关人员干扰作业、多班组交叉作业等影响施工、影响应急疏散的风险，以及雨天、洪涝等对作业环境的影响，并采取有效的风险防控措施。

（3）进行受限空间作业时，应严禁无关人员进入受限空间。

（4）易塌方且由于条件制约而无法达到放坡要求的特殊地段，必须采取满足要求的安全防护技术措施，如沟壁支护、挡板、防护箱等。

（5）在可能存在山体滑坡、塌方风险的区域作业时，要预先制订并采取相应安全措施，必须安排监护人员一直监护周边的风险。

4. 20101119 管线穿越施工坍塌事故

2010年11月19日，某油田工程建设公司一机组在某高速公路穿越施工，发生管沟塌方事故，造成4人死亡。

📤 事故经过

2010年11月19日，某油田工程建设公司一机组准备进行管线对口连投，现场作业11人。12：55左右，A某、B某在沟下调整对口时，管沟突然发生坍塌（坍口宽1m），将B某全部埋在塌方土中，A某被埋至腿部。坍塌后，现场其他的作业人员全部参与救助。

12：57，A某被救出，大家集中全力抢救B某，这时又发生了第二次坍塌（坍口宽约3m），将参与救援的3人和还未救出来的B某全部埋在塌方土下，经抢救无效死亡。事故现场如图9-6所示。

图9-6 事故现场

💡 直接原因

管沟开挖不合格，先后发生两次坍塌，造成4人死亡。

💡 间接原因

（1）未重新开挖作业坑。管线穿越过量，连头处超过预留作业坑3.5m，但施工单位没有重新开挖作业坑，而是选择在管沟内违章作业。

（2）放坡比不够，没有按照设计和管沟深度、土壤性质及施工方法等进行放坡，没有对管沟壁进行加固，增加了坍塌的风险。

（3）连续顶管作业，对后墙压力大，破坏了原土壤的稳定性。顶管作业坑和顶管余土未按规定堆放，堆积高度过高，堆积距离过近，增加了管沟壁的静载荷。

（4）员工盲目救援，第一次坍塌后，在没有人组织、观察、监护的情况下，多人下到管沟内施救，致使事故伤亡进一步扩大。

（5）现场监护不到位，兼职的安全监督人员对现场进行了观察、检查，但未能对危害因素进行有效识别，没有起到安全监护的作用，致使事故的发生没有得到有效防范和规避。

⚠️ **案例警示**

（1）施工前，要进行工作前安全分析，对辨识出的风险，应采取有效的防控措施，严格落实，并将存在的风险、防控措施和应急处置措施，告知相关作业人员。

（2）要严格按所施工方案规定的放坡比例进行放坡，放坡未达到要求前，严禁进行沟下作业。

（3）沟下作业应严格落实沟壁支护、挡板、防护箱等各项安全防护技术措施，施工人员应确认放坡、支护等安全措施落实后，再下沟作业。

（4）沟下作业应执行严格的审批手续，并向监理方办理报批手续。

（5）沟下作业应制订详细的应急预案，明确应急职责，科学有序地进行现场施救。

（6）关键作业、危险作业等应实施旁站监督、监护，在各项要求都没有落实的情况下，严禁现场施工。

（7）在进入沟下作业前，相关的作业人员都应接受安全培训、考核合格。

5. 20130110 围墙拆除坍塌事故

2013 年 1 月 10 日，某销售公司一加油站围墙拆除重建施工过程中，发生一起坍塌事故，造成 1 人死亡。

📈 **事故经过**

2013 年 1 月 10 日，施工单位对某销售公司一加油站围墙进行拆除，3 名施工人员对剩余的西北角处 2.4m 西侧围墙进行拆除，A 某负责现场监护。当三人用力向外推西侧围墙时，A 某见 3 人较为费力，便上前搭手，因转角的 4 根拉角筋的作用，致使相邻的北面围墙剩余段墙体倒向站内，A 某避闪不及，被倒塌的围墙砸倒在地，经抢救无效死亡。事故现场如图 9-7 所示。

图 9-7　事故现场

💡 直接原因

在向外推倒西面围墙过程中，北面围墙因转角拉接筋作用向内倒塌，施工人员A某躲闪不及被墙体砸倒，经抢救无效死亡。

💡 间接原因

（1）施工人员未严格按照施工方案组织施工，违章作业。

（2）施工人员对人工拆除围墙可能发生的风险识别不足，在分段开凿时发现围墙转角有拉接筋，但没有识别到拉接筋的作用，未采取切断拉接筋、人员站位远离北面围墙等防范措施。

（3）施工组织管理不力，施工单位指定的监护人A某年龄偏大，文化素质低，没有现场施工经验，不能对施工现场进行有效的管理，当施工人员不按照施工方案施工时未能及时进行制止。

⚠️ 案例警示

（1）施工项目应选用合格的入围承包商，严格落实承包商准入安全资质审查，安全资质审查不合格的承包商禁止办理准入和选用。

（2）建设单位应加强对承包商施工作业前能力准入评估和施工作业过程中监督检查，及时制止承包商作业过程中的不安全行为，对不认真履行安全责任的承包商要及时进行整顿或清退。

（3）进行非常规作业时，应进行工作前安全分析，辨识每个操作步骤存在的风险，落实防范措施，办理作业许可。

第十部分

车辆伤害事故典型案例

车辆伤害事故，指在单位管辖范围但不允许社会机动车通行的生产区域内，因机动车引起的人身伤亡事故。包括厂内机动车事故及专用铁路发生的机车事故。不包括机动车在道路上发生的道路交通事故。

本部分共收集车辆伤害事故典型案例 17 起，原因主要是超速、违章超车、违章占道、道路风险辨识不及时、防御性驾驶观念缺乏等，事故共造成 47 人死亡、44 人不同程度受伤。

为了防范事故发生，应开展岗位风险辨识，加强训练，提高驾驶员安全行车意识及防御性驾驶能力；落实驾驶员教育培训制度，提高驾驶员遵章守纪意识；出车前，进行出车前的路况风险辨识和车辆状况检查；驾驶员、乘车人员均应系好安全带；加强员工健康管理，杜绝不健康身体不健康人员驾驶机动车辆上路。

1. 20040906 某公司交通事故

2004 年 9 月 6 日—17 日，某公司租用的车辆，发生交通事故，造成 2 人死亡，2 人受伤。

事故经过

2004 年 9 月 6 日—17 日，某公司自行租车到某井提供产品售后现场服务。

9 月 18 日，A 某、B 某、C 某完成服务后，乘原租用车辆返回。

18：10 左右，车辆行驶途中，因对面大货车后紧跟的小车违章强行超车，该公司租用的车辆急转方向，不幸与迎面行驶的大货车相撞，导致了车毁人亡的重大交通事故。

A 某当场死亡，B 某在送往医院途中死亡，C 某左肩骨折，背部淤血，司机腿和脸部受伤。

直接原因

单位租用车辆驾驶员在紧急情况下处置失误，防御性驾驶观念缺乏。

间接原因

（1）迎面超车的小车驾驶员没有做到仔细观察，判断失误，违章超车。

（2）公司对租用长途交通工具安全管理工作上有欠缺，租车人未进行必要的安全要求。

⚠️ **案例警示**

（1）健全员工交通安全管理制度，并切实贯彻执行。开展全员安全经验分享，汲取事故教训，加强交通安全教育，提升员工安全意识。

（2）对所用车辆和驾驶人员进行全面考察，员工因公长途乘车不得使用出租车和私家车，选用有安全体系保障的公务用车或使用公共交通工具。

（3）驾驶员应当克服侥幸心理和麻痹思想，"十分把握七分开，留下三分保安全"，行车遇到紧急情况时，要以保全生命为主，采取有效的避让或制动措施。

2. 20020309 车辆侧翻事故

2002年3月9日，某勘探公司事业部某地区经理部一辆奔驰沙漠车在接民工到营地吃早饭途中，发生翻车事故，造成6人死亡，8人重伤，16人轻伤。事故现场如图10-1所示。

图10-1　事故现场

📝 **事故经过**

2002年3月9日，因民工钻井队尚未建立食堂，驾驶员A某奉命驾驶一辆奔驰沙漠车接30名钻井队民工到该队营地吃早饭。8：30，当行驶至某县境内一公路转弯后50m处，因车速过快，奔驰车右后轮胎突然泄气，导致车辆失控，继而向右侧翻，发生了翻车事件，造成6人死亡、8人重伤、16人轻伤。

💡 **直接原因**

右侧后轮胎无法承受因车辆重心偏移产生的突增侧向力，导致轮胎与轮毂间的密封层破坏，轮胎突然泄气而无气压，造成车辆的过度转向而向右侧倾翻。

💡 **间接原因**

（1）驾驶员A某安全、法规意识淡薄，在弯道情况下违章超速驾车、在突发轮胎泄气的紧急情况时，操作不当，采取措施不力。

（2）该车在执行任务中，乘载人员31名，其中驾驶室乘坐3人，车厢上乘坐28人，违反规定超员载人，发生意外事件后，造成了群死群伤的严重后果。

（3）项目启动过程中，未合理配备设备设施，用于野外载人车辆未按标准的要求配备必要的安全设施。

（4）项目启动时间安排不合理，管理混乱，启动前不进行安全教育培训，安全管理网络不健全，队领导安全意识淡薄。

（5）员工安全意识淡薄，管理人员无视限乘人员数量，违章指挥，操作人员违规作业。

⚠️案例警示

（1）加强员工的安全意识培训，特别是领导主体安全意识的培训。

（2）提前做好项目的启动管理，合理安排项目的启动时间，避免项目启动过程中管理混乱。

（3）严禁车辆超员、超载、超速行驶。

（4）要落实物探作业卡车载人的安全设施，车辆应安装保险架、顶棚、座椅、安全带、车梯及扶手等，并按规定办理各种载客手续。

（5）应利用先进的安全科技手段，如行车记录仪、GPS 等，对运行的重点车辆实施监控。

3. 20020619 两车相撞事故

2002 年 6 月 19 日，某勘探局钻井工程总公司小车服务公司发生翻车事故，造成 4人死亡，2 人受伤。

📑事故经过

2002 年 6 月 19 日 21：00，小车服务公司驾驶员 A 某驾驶越野车行至一市县级混合公路左慢弯转直道处，遇前方同向行驶的小型四轮拖拉机突然左转向，由行车道通过超车道驶向道路中心隔离带豁口，两车相撞，造成两车的 4 名乘车人当场死亡，车辆严重受损。事故现场如图 10-2 所示。

图 10-2　事故现场

💡直接原因

小型四轮拖拉机驾驶员安全意识淡薄，在没有充分观察的前提下突然左转向，由行车道通过超车道驶向道路中心隔离带豁口。同时，驾驶员 A 某超速行驶，意外紧急情况出现时，采取措施不及，导致事故发生。

间接原因

市县级混合公路人员车辆流量大、道路交叉口多、不安全因素多、车辆行驶环境复杂，事故路段中心隔离带绿篱高、豁口多，且经常发生事故。对这些客观存在的风险，驾驶人员没有认真采取措施防范客观环境存在的风险。

案例警示

（1）应开展岗位风险辨识，加强训练，提高驾驶员安全行车意识及防御性驾驶能力。

（2）落实驾驶员教育培训制度，提高驾驶员遵章守纪意识。

（3）禁止超速行驶。

（4）出车前，进行出车前的路况风险辨识和车辆状况检查。

（5）包括驾驶人在内的全部乘车人员均应系好安全带。

4. 20020830 两轿车相撞事故

2002 年 8 月 30 日，某机关小车队一辆轿车与另一辆轿车相撞，造成 4 人死亡，2 人轻伤。

事故经过

2002 年 8 月 30 日 6：00，某机关小车队驾驶员 A 某驾驶轿车由南向北行驶至一交叉路口处时，撞在由西向东行驶的 B 某驾驶的 C 轿车右侧中部，造成 C 轿车 180°旋转，轿车严重变形，C 轿车内 4 人死亡，双方车辆损坏严重，事故现场如图 10-3 所示。

图 10-3　事故现场

直接原因

驾驶员 B 某违反了《中华人民共和国道路交通安全法实施条例》第五十二条"没有交通标志、标线控制的，在进入路口前停车瞭望，让右方道路的来车先行"，导致两车相撞，造成 4 人死亡、2 人轻伤，双方车辆严重损坏。

🔆 间接原因

A 某驾驶车辆时观察不够，车速过快，遇紧急情况采取措施不当。

⚠️ 案例警示

（1）必须对驾驶人员要进行严格的操作技能和安全知识的培训和考核，不合格者不得上岗。

（2）应落实交通安全管理相关的制度、规定，加大宣传和考核力度，确保驾驶员自主、自发地树立交通安全意识。

（3）应开展岗位风险辨识，加强训练，提供防御性驾驶技能培训。

（4）出车前，应进行出车前的风险辨识，识别弯路、窄路、交叉路口、人群密集区、雨天、雾天、雪天等不同风险，落实好防范措施。

（5）应落实车辆的"三交一封"（交车钥匙、交行驶证、交局内准驾证，对停驶车辆进行封存）、"定点停放""路单审批制"等交通安全管理规章制度。

（6）应利用先进的安全科技手段，如行车记录仪、GPS 等，对出行的车辆实施监控。

（7）包括驾驶人在内的全部乘车人员均应系好安全带。

5. 20021013 两车相撞事故

2002 年 10 月 13 日，某运输公司一辆重型半挂车，在执行润滑油运输任务途中，与出租车相撞，造成 5 人死亡。

📝 事故经过

2002 年 10 月 13 日 19：20，运输公司 1 名卡车驾驶员（驾龄 5 年）驾驶一辆重型半挂车从某石油化工总厂卸油返回，行驶至某油田公路一驼峰顶处（车速 61km/h），俯身去捡掉在驾驶室的烟头时车方向跑偏，车辆离开原路线驶向左车道，与迎面高速驶来的出租车相撞，出租车驾驶员及 4 名乘客当场死亡。事故现场如图 10-4 所示。

图 10-4　事故现场

🔆 直接原因

（1）卡车驾驶员驾驶车辆时违章吸烟，捡烟头时方向跑偏占道，是事故发生的主要原因。

（2）出租车驾驶员在沙漠丘陵地带驾车，在路况不好、视线不清的情况下，盲目高速行驶，以致遇到突发情况制动时间长。采取措施不当，也是事故发生的重要原因。

🔆 间接原因

卡车驾驶员驾龄仅5年，驾驶经验不足，遇紧急情况时表现不冷静，采取避险措施不当，紧急制动措施滞后，造成重大事故。

⚠️ 案例警示

（1）必须对驾驶人员进行严格的操作技能和安全知识的培训和考核，不合格者不得上岗，提高防御性驾驶的能力。

（2）应落实交通安全管理相关的制度、规定，加大宣传和考核力度，确保驾驶员自主、自发地树立交通安全意识，消除驾驶员习惯性违章、盲目性违章和盲从性违章行为。

（3）应开展岗位风险辨识，加强演练。

（4）包括驾驶人在内的全部乘车人员均应系好安全带。

6. 20021204 车辆侧滑事故

2002年12月4日，某石油管理局总机械厂一辆轿货车，途中发生侧滑撞在大树上，造成3人死亡，1人重伤。

📑 事故经过

2002年12月4日15：30，某石油管理局总机械厂驾驶员驾驶轿货车到采油厂更换抽油机吊绳，在返回途中，驾驶员驾车超速行驶至冰雪路面，轿货车产生侧滑，撞在前进方向左侧大树上，造成3人死亡，1人重伤，车辆损坏严重。事故现场如图10-5所示。

图 10-5　事故现场

💡 直接原因

驾驶员安全意识淡薄，违章超速行车至冰雪路面时，遇情况采取措施不当，致使轿货车产生侧滑，撞在前进方向左侧的大树上，造成事故。

💡 间接原因

冬季天气寒冷，有冰雪的沥青路面，摩擦系数降低，极易发生侧滑。

⚠️ 案例警示

（1）对驾驶人员要进行严格的操作技能和安全知识的培训和考核，不合格者不得上岗。

（2）出车前，应进行出车前的风险辨识，识别弯路、窄路、雨天、雾天、雪天等不同风险，落实好防范措施。

（3）应开展岗位风险辨识，加强训练，提高驾驶员的防御性驾驶的能力。

（4）应利用先进的安全科技手段，如行车记录仪、GPS等，对出行的车辆实施监控。

（5）包括驾驶人在内的全部乘车人员均应系好安全带。

7. 20030113 两客车相撞事故

2003年1月13日，某运输公司一辆大客车，在接送倒班轮休人员途中，与当地一辆大客车相撞，造成5人死亡，6人受伤。

📋 事故经过

2003年1月13日10：00，运输公司服务车队驾驶员A某（驾龄15年），由基地前往某油田接送倒班轮休员工，当时天气雾大，能见度不足30m。

当A某驾驶车辆行驶至某油田伴行公路某处，路面出现结冰现象，且路段无中央分隔线。此时A某前方出现了一辆货车，A某的车速（73km/h）快于货车，A某正欲超车，突然对面驶来一辆大客车（91km/h），大客车驾驶员B某采取了紧急制动，由于路面较滑、车速较快，B某驾驶的大客车产生了横滑，与A某驾驶的大客车相撞，造成5人当场死亡、6人轻伤，两辆大客车严重损坏。事故现场如图10-6所示。

图10-6 事故现场

☀ 直接原因

A某在雾大、视线不清、路况不良的情况下超速行驶、盲目超车；B某在道路条件不良的情况下超速行驶，在冰雪路面上采取了紧急制动，造成车辆横滑占道，属采取措施不当。

☀ 间接原因

油田伴行公路路况较差，部分路面有结冰现象，并出现浓雾天气，能见度不足30m。

⚠ 案例警示

（1）落实交通安全管理相关的制度、规定，加大宣传和考核力度，确保驾驶员自主、自发地树立交通安全意识，消除驾驶员习惯性违章、盲目性违章和盲从性违章行为。

（2）应开展岗位风险辨识，加强训练，提高驾驶员的防御性驾驶的能力。

（3）出车前，应进行出车前的风险辨识和车辆状况检查，识别弯路、窄路、雨天、雾天、雪天等不同风险，落实好防范措施。

（4）出车前应进行安全行车"三交待"（交待任务、交待路况、交待安全注意事项）。

（5）必须对驾驶人员进行严格的操作技能和安全知识的培训和考核，不合格者不得上岗。

（6）应利用先进的安全科技手段，如行车记录仪、GPS等，对出行的车辆实施监控。

（7）包括驾驶人在内的全部乘车人员均应系好安全带。

8. 20030421 车辆侧滑坠沟事故

某石油管理局固井工程技术处项目部一辆水泥车，于2003年4月21日发生翻车事故，造成2人死亡。

☑ 事故经过

2003年4月21日9：30左右，项目部一名驾驶员驾驶水泥车以20km/h左右的速度行驶至某山涧S弯路，发现有三四名小学生在路面上玩耍，正欲避开小学生时对面一辆轿车急驰而来，挤占车道，水泥车被迫制动并驶向路左侧（路宽4.5m），因连日降雨致使道路泥泞湿滑，车轮轧在土路肩上，而路肩下有新埋入的水管，土质松软，致使车辆侧滑失控，掉入公路左侧100m左右的山沟，造成驾驶员和1名乘车人死亡。事故现场如图10-7所示。

图 10-7　事故现场

💡直接原因

驾驶员在行驶过程中违反了相关规定中"在山道坡路上行驶应提前减速、鸣号、做好随时停车的准备"的要求，思想麻痹大意，观察、瞭望不细致。

💡间接原因

（1）当地多山地，沟谷纵横，坡多路窄弯多，地理环境复杂，又加上连日降雨致使道路泥泞湿滑等因素，都增加了行车的危险系数。

（2）行人侵占机动车道。

（3）驾驶员对山险路段行车的危险性没有足够认识，缺乏山地行车的技术要领和处理突发情况的能力。

⚠案例警示

（1）应加强驾驶人员的安全意识和驾驶技能的培训，提高山地行车的技术要领和处理突发情况的能力。

（2）开展岗位风险辨识，加强训练，提高驾驶员的防御性驾驶的能力。

（3）应出车前，进行出车前的风险辨识，识别特殊路况、特殊天气等不同风险，落实好防范措施。

（4）出车前应进行安全行车"三交待"（交待任务、交待路况、交待安全注意事项）。

（5）必须对驾驶人员进行严格的操作技能和安全知识的考核，不合格者不得上岗。

9. 20040423 两车相撞事故

2004 年 4 月 23 日，某运输公司一辆液化气槽车撞入拖拉机旁边的人群后遭轿车相撞，造成 3 人死亡、1 人重伤、3 人轻伤。

📈事故经过

2004 年 4 月 23 日 21：00，运输公司驾驶员 A 某驾驶液化气槽车前往某石化厂装石油液化气。21：17 行至国道线某处时（车速 71km/h），天已全黑，刮大风下小雨，当 A

某发现前方有一辆拖拉机（B 某）占道横停在路中央（未设路障）时，采取紧急制动、向左打方向，车辆驶向一级公路隔离带通道，撞上拖拉机旁边的人。B 某驾驶的拖拉机拖斗超高、超宽装满麦草，因转弯太急，加之风大，拖斗翻在公路上。B 某请来同事帮助扶正拖斗和装掉落在公路上的麦草，几名装车人见液化气槽车亮着灯光驶来，慌乱中跑向公路隔离带通道，发生了交通事故。造成 3 人当场死亡、1 人重伤、1 人轻伤。事故现场如图 10-8 所示。

图 10-8　事故现场

事故发生后，22：30 左右，交警正在勘察事故现场时，当地地税局 C 某（酒后神志不清）驾驶小轿车由西向东行驶，临近事发现场，躲避不及，撞到液化气车与罐车支架部位，C 某和 1 名乘车人受轻伤。该起事故共造成 3 人死亡，1 人重伤，3 人轻伤。

💡 直接原因

（1）B 某年仅 16 岁，属无照（证）驾驶。

（2）B 某驾驶拖拉机占道，堵塞了 A 某的正常行驶路线。

（3）B 某在公路上停车后，未开启任何灯光和设置路障等警示标志。

（4）在夜间、风天、雨天的特殊气象条件下，A 某车速超过 20km/h。

（5）C 某酒后违法驾车（根据最新交通法，酒后驾车属违法行为），超速行驶。

💡 间接原因

A 某行车中遇到路线被占后，表现得不够冷静，采取的紧急避险方法不当。在采取紧急制动措施的同时，往左打方向避险（驶入双向四车道隔离带）导致事发。当时，如果 A 某遇事不慌，严格执行紧急情况处置预案，不是向左而是向右打方向可以紧靠路肩通过。

⚠️ 案例警示

（1）落实驾驶员出车前"三交代"（交代任务、交代路况、交代安全注意事项），责任到人。

（2）加强夜间行车安全管理，无特殊情况原则上不允许夜间行车。

（3）对驾驶员进行系统的《中华人民共和国道路交通安全法》《中华人民共和国道路交通安全法实施条例》、企业安全生产规章制度和安全行车技能教育和培训，提高驾驶员安全技术素质，提高驾驶员的防御性驾驶的能力及应对处置突发情况的应变能力。

（4）必须对驾驶人员要进行严格的操作技能和安全知识的考核，不合格者不得上岗。

（5）路面停车，要按照要求设立警示标牌，以便及时提醒来车避让或采取措施。

（6）出车前，进行出车前的风险辨识，识别弯路、窄路、雨天、雾天、雪天、夜间等不同风险，落实好防范措施。

（7）利用先进的安全科技手段，如行车记录仪、GPS 等，对出行的车辆实施监控。

10. 20040606 爆胎翻车事故

2004 年 6 月 6 日，某石油管理局物探公司所属一辆皮卡车回营地途中，左前胎突然爆裂导致翻车，造成 2 人死亡，1 人受伤。

📝 事故经过

2004 年 6 月 6 日，物探公司驾驶员 A 某驾驶皮卡车，搭乘该队材料员 B 某，机修工 C 某从工区回营地。10：10 行驶至国道某处施工路段时，车辆左前胎突然爆裂，车身向左前方倾斜，驾驶员向右打方向致使车辆以左侧着地翻滚在道路上。A 某、B 某头部严重受伤，C 某受轻伤。事故现场如图 10-9 所示。

图 10-9　事故现场

由于该路段地处戈壁，荒无人烟，事故发生后一个多小时，当地路人路过事故现场后报警。13：40 左右，120 急救中心到达现场进行救护，A 某、B 某因失血过多死亡，C 某被立即送往医院治疗。

💡 直接原因

事故路段处于铺路垫石的施工后期，运行路面结构突变，左前胎被突出的坚硬岩石划破，造成轮胎突然爆裂翻车。

间接原因

（1）驾驶员超速（规定 60km/h，实际 90km/h）行驶，临危处置不当，当轮胎爆裂车辆向左倾斜时又向右猛打方向，使车辆受动力和惯性影响发生翻滚。

（2）对方圆 130km 无人烟、沙漠一片、无手机信号等风险没有提出安全防范措施，使荒漠戈壁通信无保障，伤者得不到及时救助而死亡，导致事故危害扩大。

案例警示

（1）出车前，充分辨识复杂情况下行车存在的风险，落实好防范措施。

（2）做好出车前安全检查，保证转向、灯光、车胎等完好，胎压满足道路行驶要求。

（3）在施工作业区域，行驶范围内无通信条件的地方、施工作业车辆必须安装确保通信畅通的通信设备，并随时监控。

（4）对驾驶员进行系统的培训，提高驾驶员安全技术素质，提高驾驶员的防御性驾驶能力及应对处置突发情况的应变能力。

（5）对驾驶人员要进行严格的操作技能和安全知识的考核，不合格者不得上岗。

（6）开展岗位风险辨识，加强演练。

（7）利用先进的安全科技手段，如行车记录仪、GPS 等，对出行的车辆实施监控。

（8）前轮爆胎，要握紧方向盘，调整车头，动作要轻柔，不要反复猛打方向盘，以免汽车出现强烈侧滑甚至调头，慢慢减速，挂空挡或逐级减挡，松开油门踏板并反复轻踩刹车，将汽车缓慢靠边停下来。

（9）后轮爆胎，要双手紧握方向盘，使汽车保持直线行驶，反复轻踩刹车踏板，将汽车重心前移，使前轮胎受力，减轻爆裂的后轮胎所承受的压力。

11. 20040825 车辆翻入悬崖事故

2004 年 8 月 25 日，某油田公司一辆吉普车在油区道路行驶时，发生侧滑翻入河床，造成 3 人死亡。

事故经过

2004 年 8 月 25 日 10：30，某油田公司采油作业区采油班长 A 某和化验工 B 某（女）乘坐本单位驾驶员 C 某驾驶的一辆吉普车上井核实产量，行驶到一转油站至一计量站油区道路途中，因雨后路面积水，车辆陷入泥坑，加速驶出时侧滑翻入 25m 深的崖下河床，造成 3 人重伤，抢救无效死亡，事故现场如图 10-10 所示。

直接原因

雨后路面泥泞湿滑，车辆失去控制翻入悬崖。

图 10-10　事故现场

☀间接原因

（1）行车前没有进行有效的风险识别。

（2）遇到突发情况，没有采取有效的安全措施。

⚠案例警示

（1）应加强驾驶人员的安全意识和驾驶技能的培训，掌握积水湿滑路段行车的技术要领，提高处理突发情况的能力。

（2）出车前必须进行安全行车交底和检查，了解道路状况并制定事故预防措施和应急预案。规定行车路线和速度，并随时向单位报告行车情况和作业情况。

（3）出车前，应进行风险辨识，落实好防范措施。

（4）出现险情时，同乘人员必须离开车辆，待险情排除后再乘车。

（5）包括驾驶人在内的全部乘车人员均应系好安全带。

12. 20050327 超速行驶翻车事故

2005 年 3 月 27 日，某物探公司驾驶员 A 某驾驶北方奔驰水罐卡车，在送水途中，超速行驶导致翻车，造成 3 人死亡。

☑事故经过

2005 年 3 月 27 日上午 9：30 左右，驾驶员 A 某驾驶水罐卡车，驶到该队炸药库路边时，遇炸药库 2 名警卫员搭车。车辆行驶至某公路一右急弯处（约 120°）时，超速行驶（限速 30km/h），致使车辆冲向左边路肩，此时驾驶员采取措施不当，致使车辆失控，水罐甩离车体，车辆向右翻转 180°。驾驶室严重变形受损，造成车上 3 人当场死亡，事故现场如图 10-11 所示。

☀直接原因

A 某在驾车过程中，超速行驶，急转弯时采取措施不当。

💡**间接原因**

（1）A某安全意识淡薄，不请示、不汇报，自行超出规定行驶路线，是发生事故及事故后果扩大的重要原因。

图 10-11　事故现场

（2）A某出车前，没有对其进行安全交底，安全培训不到位。

⚠**案例警示**

（1）应全面提高驾驶员遵章守纪的意识，落实驾驶员教育培训制度，提高其安全行车意识及防御性驾驶能力。消除驾驶员习惯性违章、盲目性违章和盲从性违章行为，不断提高驾驶员的驾驶技能。

（2）审查驾驶人员上岗资质，不符合条件的驾驶员人员必须调离驾驶岗位，未按正常手续聘用及未严格考核的驾驶人员，立即清退。

（3）采用GPS、行车记录仪等先进的控制手段，加大对车辆的安全监控力度，强化风险管理和过程控制。

（4）对驾驶员进行系统的《中华人民共和国道路交通安全法》《中华人民共和国道路交通安全法实施条例》、企业安全生产规章制度和安全行车技能教育和培训，提高驾驶员安全技术素质和增强应对处置突发情况的应变能力。

（5）必须对驾驶人员要进行严格的操作技能和安全知识的考核，不合格者不得上岗。

（6）严禁非作业人员搭乘工作车辆。

13. 20100805 调车作业车辆伤害事故

2010年8月5日，某物资供销公司调车作业，发生一起铁路车辆伤害事故，造成1人死亡。

📤**事故经过**

2010年8月5日2:00左右，某物资供销公司机车拉着二线的重车以5km/h的速度向一线走行线行驶。当第五节车厢行驶到一线走行线与路口交界处时，A某从右侧下车北行 20m，向负责搬 6 线道岔的 B 某等人发出信号，机车过去后走向六号线空车停靠处，准备连接操作。

机车驶出一线走行线后，连接员 C 某按照计划下车扳一道岔时，发现六线道岔尚未开通，于是用对讲机呼喊负责搬 6 线道岔的 B 某，B 某未回应。

此时，A 某走到六号线附近，听到 B 某的呼救声，立即跑过去，发现 B 某躺在一线走行线与路口交界处西面约 2m 多的钢轨旁，满身是血，B 某送到医院抢救无效死亡。事故现场如图 10-12 所示。

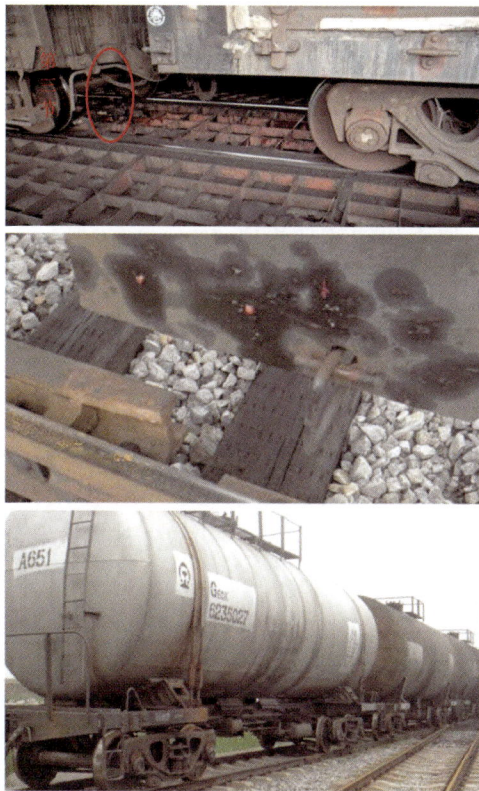

图 10-12　事故现场

💡 直接原因

（1）当事人工作过程突发疾病，头脑昏厥，意识不清，身体失衡后撞击到车体某个部位后，坠落到车轮下遭到车辆伤害。

（2）当事人精力不集中，下车过程中身体失去平衡，不慎坠入车轮下。

💡 间接原因

（1）连接员站位的罐车尾部平台只在一侧设置了护栏，而且平台没有护栏的一侧有 80cm×80cm 的空隙，存在着下车时人员失足跌落到车厢底部的隐患。

（2）生产现场照明条件差。调车现场与牵出线相邻的仅有一座灯塔，安装有 4 个探照灯，其中的两只因故熄灭，当班作业适逢小雨天气和夜间，照明不足增加了事故风险程度。

（3）连接员行走区域地面不平整。该库区一线走行线两侧地面大部分明显低于道床高度，也没有事先设置安全下车专用地点，存在连接员下车时滑倒的危害因素。

⚠ 案例警示

（1）应进行岗位风险辨识及工作前安全分析，落实防范措施。

（2）及时整改设备及现场隐患，提升现场目视化管理，提升本质安全水平。

（3）加强操作人员应急及急救知识及技能培训。

（4）进行操作人员的安全履职能力评估，合格后方可上岗作业。

（5）注意加强对员工的健康状况及精神状态的观察与把控，确保员工在工作时身体及意识都处于良好的状态。

14. 20120321 乙炔气瓶装运车爆炸事故

2012 年 3 月 21 日，某住宅区发生一起乙炔气瓶装运车爆炸燃烧事故，造成 1 人死亡，2 人重伤。

📑 事故经过

2012 年 3 月 21 日上午 9：00，随着轰隆一声巨响，大量汽车碎片飞到 30m 高空，一辆气瓶装运车被炸得面目全非，车辆的左后轮被炸离车体，玻璃全部碎掉，车头的蓝色外壳已被气浪冲走，露出车体的内部结构。事故造成 1 人死亡，2 人重伤。事故现场如图 10-13 所示。

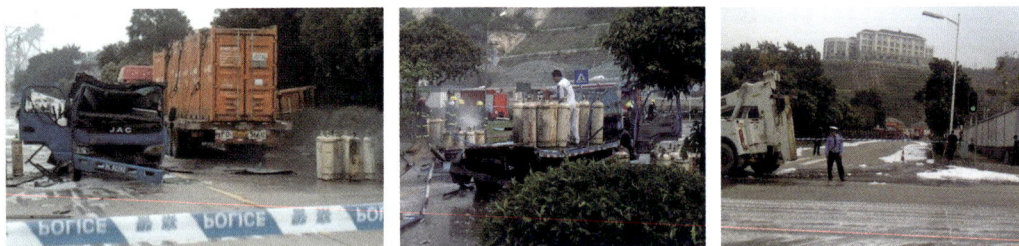

图 10-13　事故现场

💡 直接原因

（1）空气瓶处置不当。尽管气瓶是空的，但按照工作要求，内部要有留有约 0.5kg 的残余乙炔气体，用来维持瓶内压力，以防止外部空气进入形成爆炸气体，同时也便于下次充装。据气瓶使用现场的 1 名工人介绍，气瓶使用完后没有将气阀拧紧，是导致残余的易燃乙炔气体泄漏的原因。

（2）气瓶运输防护不当。根据现场调查，在气瓶运输过程中没有使用专用的气瓶固定架，导致运输过程中气瓶相互碰撞摩擦，产生火花和静电。

（3）产生引爆源。在易燃易爆气体存在的环境下，遇到静电产生的火花引爆气体，发生爆炸。

（4）车辆隶属单位的人员安全意识淡薄。在没有确认气瓶阀是否关好的情况下就直接装车运输，这为火灾爆炸的发生埋下了隐患。

💡 间接原因

对气瓶的使用缺少有效的监管，气瓶用完后，使用方没有确保现场工作人员对气瓶密封性进行及时的检测；在装车前接收方和使用方均没有人前去确认气瓶阀是否完全关好。

⚠ 案例警示

（1）加强气瓶使用、运输、储存等相关知识的培训，提高作业人员的安全意识和操作技能。

（2）气瓶使用装卸、运输及储存保养按规定执行。

（3）加强气瓶的管理，尤其是空气瓶的管理更应该引起高度重视。操作人员在缺乏安全意识的前提下，往往不会关注气瓶存留量，常忽略气瓶阀门的开关，为事故发生埋下隐患。

15. 20120925 吊管机移动车辆伤害事故

2012 年 9 月 25 日，西气东输某项目一标段施工现场因吊管机突然移动，发生一起车辆伤害事故，造成 1 名员工死亡。

📈 事故经过

9 月 25 日，机组的一个连头班组（12 人）按计划进行坡道（坡长约 60m 坡度 14°）沟下焊接作业，管径 ϕ1219mm。上午 8：40，机组到达施工现场，沿逆气流方向组对焊接。

12：10，现场第 3 根管满足组对条件时，管工与电焊工到上一道口处取外对口器，气焊工在组对处等待，副机组长（兼职安全员）站在根焊车与管沟之间。

12：15，副机组长突然听到吊管机履带发出异响，回头看到险情，立刻大声呼喊沟下人员撤离，并向管沟上坡跑去，管工与电焊工在听到呼喊后也向管沟上坡跑去。

此时，吊管机撞到根焊车后部，副机组长被撞到沟内，焊车侧翻到沟内并挤压钢管，管子发生横向位移，将其挤压在钢管与沟壁之间，吊管机继续前行并撞到热焊车，底部顶住掉入管沟的焊车，履带进入管沟约 3/4，最后悬空停住。

12：20 左右，现场险情稳定后，管工立即组织现场救援，同时拨打 120 急救电话，并向上级部门报告。

副机组长紧急送往医院，经医院抢救无效死亡。

💡直接原因

吊管机操作手操作失误，导致吊管机撞击焊接车，使焊接车侧翻掉进管沟并挤压钢管，管子发生横向位移挤压副机组长，是造成事故的直接原因。

💡间接原因

（1）吊管机操作手无内部操作证。

《管道局主要施工设备操作证管理办法》第十条规定"特种设备操作人员实行双证管理"，即特种设备操作证和管道局内部操作证；吊管机操作手于 2010 年 3 月首次取得特种操作人员资格证书，2012 年 3 月 1 日通过了复审换证，有效期为两年。特种操作证有效，但未取得管道局内部操作证，属无内部操作证违规操作。

（2）施工作业带纵向坡度 14°，土质为戈壁卵石，不利于吊管机安全平稳行驶和可靠制动，安全风险大。而现场坡道设备掩木过小且放置方式不当，风险识别不全，安全防护措施未能有效落实。

⚠️案例警示

（1）基层单位要针对机械操作手组织现场岗位操作技能强化培训。培训要突出现场应急处置能力、设备操作规程和岗位风险识别。

（2）严格机械操作手日常考核管理制度。通过定期或不定期开展岗位操作能力考核。对于不适合和不能胜任操作手岗位的，坚决不予任用。对工作态度差、违规违章多的操作手，要坚决清除出操作手队伍或转岗处理。

16. 20140806 调车作业车辆伤害事故

2014 年 8 月 6 日，某油田热电厂调车作业，发生一起铁路交通事故，造成 1 人死亡。

📋事故经过

2014 年 8 月 6 日，调度员下达作业计划：从 9 道牵出车辆 22 节给 5 道。

10：15，驾驶员 A 某驾驶机车开始将 22 节车辆推向 5 道，当车辆接近 21 号道岔时，调车员 B 某用对讲机告知连接员 C 某，C 某回答知道，并与 B 某确认将车辆全推进去。10：20，C 某从值班室出来，到地沟头部准备作业，呼叫驾驶员 A 某将剩余 10 节推进去。

10：25 左右，A 某将 22 节车辆推到位后，没有接到 C 某的作业指令，立即连续呼叫 C 某，无人应答。A 某立即呼叫 B 某过去查看。当 B 某查看到第三节车辆时，发现 C 某在车底已经死亡。机车停车地点及事故现场如图 10-14 和图 10-15 所示。

💡直接原因

C 某死亡的直接原因是被车辆碾轧。

图 10-14　机车停车地点

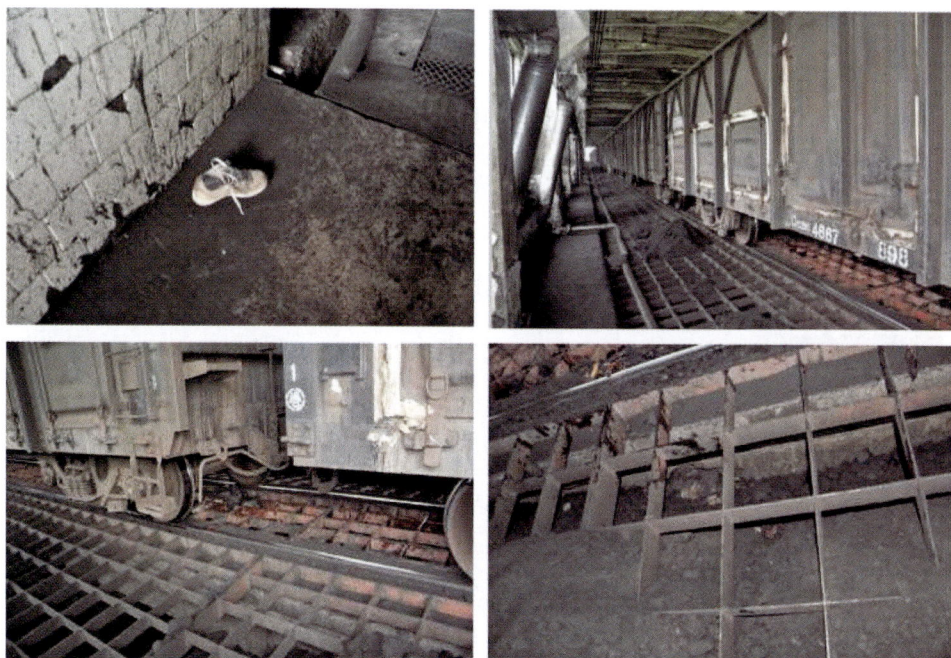

图 10-15　事故现场

间接原因

（1）特殊员工的针对性管理不到位，C 某身体肥胖，因高血压晕厥。

（2）C 某因家庭的原因，近期情绪不稳。

（3）C 某站位离运行车辆过近。

案例警示

（1）完善监控措施。

①牵引机车内应加装行车记录仪，实时监控机车运行状况。

②作业现场加装监控设施，做到时间上不留空档，空间上不留死角。

（2）完善现场目视化管理。

利用警示标识、标线划定安全区域，提示员工安全操作，规避风险。

（3）加强对有疾病员工的关心照顾。

① 根据职业健康体检结果，合理调配岗位。

② 在日常工作和生活中遇到困难时，及时给予关心照顾，注意员工心理健康状况对安全行为的影响。

（4）进行岗位风险辨识，落实防范措施。

17. 20200213 水罐车回场途中翻车事故

2020 年 2 月 13 日，某油田公司车辆服务中心一台水罐车在回场途中发生翻车事故，造成驾驶员死亡。

📑 事故经过

2020 年 2 月 13 日 15：08，某车辆服务中心特车大队一台水罐车回场途中在通往某国道匝道处发生翻车事故，驾驶员死亡。

💡 直接原因

驾驶员存在突发疾病潜在风险，车辆超速行驶。

💡 间接原因

（1）未认真履行 QHSE 职责，基层单位领导干部未认真履职，安全教育、能力评估、安全告知和风险识别等工作不到位。

（2）道路风险识别不全面，未识别出匝道的风险及限速要求，对新增路线风险识别不及时。

（3）职业健康管理未落实，针对驾驶员在体检中发现存在血压、血糖、心电图等指标异常，未针对存在健康风险的驾驶员采取必要的措施。

（4）车辆监控管理不到位，车辆发生事故后，大队和中队监控人员值班和值守不到位，均未发现车辆失控的异常情况。

⚠️ 案例警示

（1）各级领导干部扎实履行岗位职责，加强员工安全教育、风险告知。

（2）强化道路风险辨识，对存在风险的路段严格执行限速要求。

（3）强化员工职业健康管理。

（4）强化车辆监控管理。

第十一部分

其他事故典型案例

本部分共收集5起事故典型案例，其中井下作业5起、采油作业1起、工程建设1起。主要为修井作业过程蒸汽伤人、油管伤人、放喷液体伤人、挖掘机砸压伤人，以及作业过程中，由于疏忽大意造成的摔伤事故。

一、井下作业

1. 200811 修井作业蒸汽伤人事故

2008年11月，某作业队在油田某井修井作业时，发生蒸汽伤人事故，造成1人受伤。

事故经过

2008年11月，作业队在某井位进行起下作业，当电焊车驶进现场时，由于锅炉管线没有采取过路保护，而此时锅炉工A某又未在锅炉房内，没能及时关闭蒸汽，造成管线接头处瞬间被憋开，A某在通气情况下拿起管线一端准备对接，其间被场地工B某看到提醒A某将蒸汽关闭，A某说："还得回去关太麻烦，随手插上就行了"由于管线内蒸汽压力过大在对接过程中管线接头突然甩动，蒸汽刺进甲某衣服袖口，将右手手臂烫伤。

直接原因

锅炉工A某安全意识淡薄，在供气情况下擅自离岗，同时违反操作规程，习惯性违章，在未停气情况下接蒸汽管线。

间接原因

（1）当班干部风险识别不到位，锅炉管线过路没有采取有效保护措施。

（2）场地工B某虽然意识到可能发生的危险，但没有坚持自己的意见及时制止或向当班干部汇报，也是导致该起事件的间接原因。

案例警示

（1）加强干部员工安全意识和风险识别能力，提高自我保护能力，严格遵守反违章禁令，杜绝"三违"行为。

（2）小队加强现场风险识别和削减控制措施，锅炉管线过路采取穿油管方式进行保护。

（3）锅炉工严格按照锅炉操作标准进行操作，在供气、上水或烧压情况下，锅炉工禁止擅自离岗，应时刻关注锅炉情况，发生管线憋爆情况时，应先停止供气后，再使用铁丝将接头固定绑牢。

2. 20120510 修井作业油管伤人事故

2012 年 5 月 10 日，某作业大队某作业队在某油田某井修井作业时，发生油管伤人事故，造成 1 人受伤。

📖 事故经过

2012 年 5 月 10 日，某作业大队某作业队在某油田某井进行吊、接油管单根作业，10：30 左右司钻操作游动滑车吊起油管单根，在油管底部即将离开钻台迎门坡道时，3t 小钩钢丝绳挂在油管吊卡手柄上，司钻发现后进行刹车处理，在处理小钩钢丝绳时，吊卡突然打开，油管斜倒在逃生滑道上，末端弹起碰在李某的安全帽上，使其倒在滑到顶端，致使李某腰部受伤。

💡 直接原因

在起吊油管单根时，不能直接用 3t 小钩钢丝绳挂在油管吊卡手柄上，导致吊卡突然打开。

💡 间接原因

（1）司钻在处理小钩钢丝绳时，处理方式不当。

（2）李某安全意识淡薄，防范意识、自我保护意识差，风险识别不到位。

⚠ 案例警示

（1）加强岗位员工的 HSE 培训，提高施工过程中的危害因素辨识能力及现场应急处置能力。

（2）加强基层员工岗位技能及安全操作规程的学习和掌握。

（3）强化现场安全监督检查，杜绝现场的违章行为。

3. 20120628 压裂放喷液体伤人事故

2012 年 6 月 28 日，某作业队在某油田某井进行压裂后放喷施工，发生液体伤人事故，未造成人员伤亡。

📖 事故经过

2012 年 6 月 28 日 8：00，某作业队在某油田某井进行压裂后放喷施工。8：10 千型井口西侧放喷管线发生渗漏，随即采用另一侧放喷流程放喷，2mm 油嘴油压 37MPa。8：25 左右，发现千型井口东侧放喷管线弯头与管线连接处也出现渗漏迹象。A 某、B 某、

C 某三人去勘察渗漏点，在靠近距离放喷管线渗漏处 6m 左右时，放喷管线与弯头突然脱开，压裂液将 3 人刺倒。

直接原因

高压管线渗漏，造成放喷管线与弯头脱开，如图 11-1 所示。

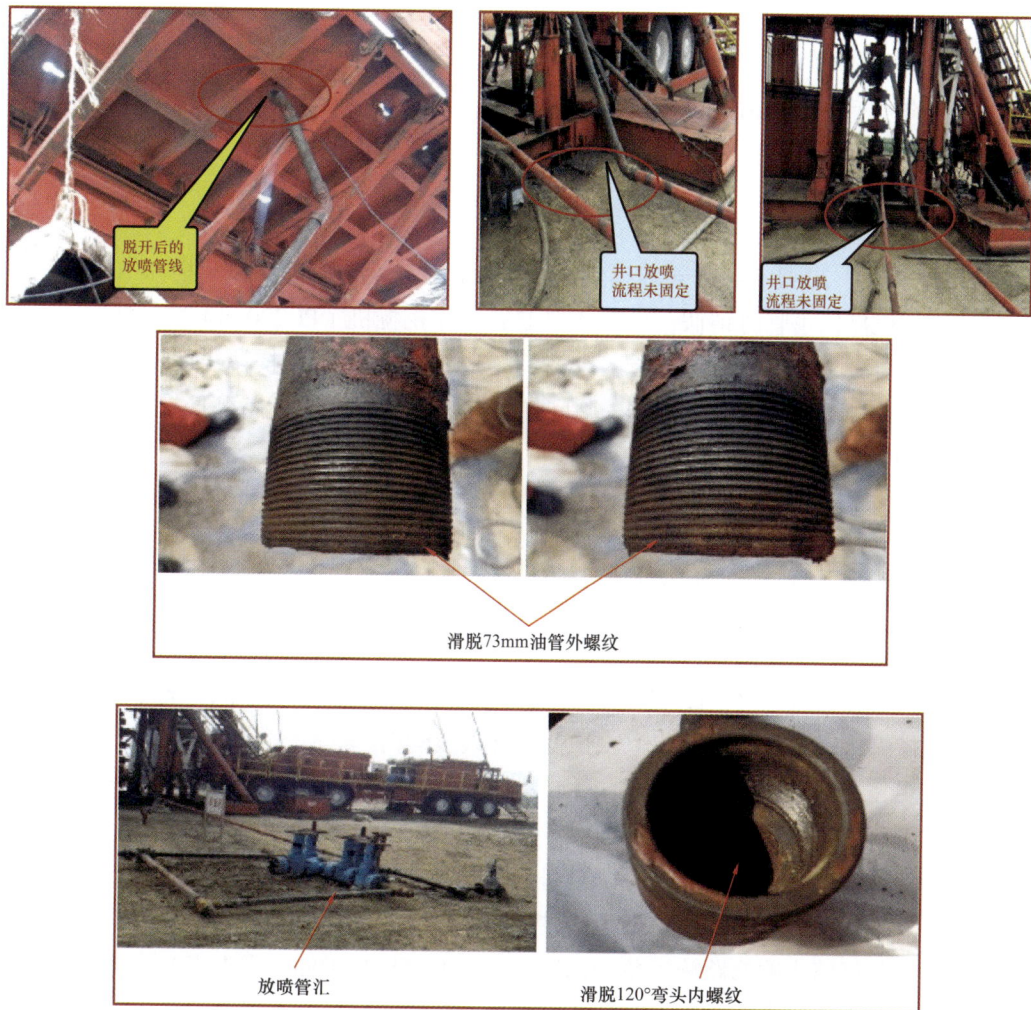

图 11-1　事故现场

间接原因

（1）高压流程未按照要求进行安装、试压、固定，违反操作规程进行放喷流程的安装、固定、试压。

（2）现场操作人员不清楚高压管线渗漏可能带来的风险，处置过程中存在麻痹思想，没有避开风险点，未按照处置程序操作。

⚠️ 案例警示

（1）加强岗位工人现场操作安全教育培训，进一步提高特殊施工环节的风险识别能力和现场应急处置能力。

（2）加强管理层、基层员工岗位技能及安全操作规程的学习和掌握。

（3）规范压裂放喷流程。

4. 20160720 换通信线杆挖掘机砸压事故

2016 年 7 月 20 日 16：20，某公司在架设通信线杆时，发生一起物体打击事故，造成 1 人死亡。

📋 事故经过

2016 年 7 月 20 日，某公司对通信线路进行施工作业，临时架设一根高 10m 的通信线杆。挖掘机操作手临时请假，员工 A 某自行操作挖掘机（PC220-8）挖好杆坑，吊起线杆，将线杆下端放入杆坑后，员工 B 某等三人走到杆坑附近扶持线杆就位。16：20，线杆突然向挖掘机驾驶室方向倾倒，瞬间挖掘机铲斗急速下落，将侧下方扶持线杆的员工 B 某砸倒致伤，送医后抢救无效死亡。

💡 直接原因

挖掘机铲斗下落将下方扶持人员砸伤。

💡 间接原因

（1）立杆吊索悬挂不当，造成脱扣线杆倾倒砸到挖沟机驾驶室，导致驾驶员误操作，造成挖掘机铲斗突然下落将下方扶持线杆人员砸伤。

（2）员工 B 某站位错误，违法挖掘机大小臂、铲斗下严禁站人规程，造成挖掘机铲斗突然下落将其砸伤。

（3）双方配合作业缺乏统一协调，遇情况采取措施不当。

（4）现场道路破开，起重机械无法进入现场，同时，电缆分公司没有起重机械，因所需动迁通信杆路影响修路施工急需动迁，新立通信杆长 10m，靠人工方法无法实现立杆，只能临时使用非专业起重设备，从事起吊立杆作业。

⚠️ 案例警示

（1）加强施工作业管理，严格执行操作规程，规范操作。

（2）加强工程施工作业环节潜在风险的识别、评价，制订有效的安全防范措施。

（3）加强设备管理，严格控制机械设备使用范围，坚决杜绝改变设备使用性能，严格遵守设备安全操作规程。

（4）开展全员安全教育培训，提高全员安全意识，增强风险防范、自我保护和应急避险能力。

（5）强化施工作业现场管理，开展作业前安全分析，认真按照施工作业程序、施工方案进行施工作业。

5. 20200228 下通井管柱施工摔伤事故

2020 年 2 月 28 日，某油田作业队在某井施工现场进行下通井管作业时，发生一起摔伤事故，导致 1 人受轻伤。

📤 事故经过

2020 年 2 月 28 日 15：10，某油田作业队在某井施工现场进行下通井管作业时，发生一起摔伤事故，导致 1 人受轻伤。

💡 直接原因

员工下值班房梯子时踩偏打滑，左小腿滑入梯子空隙中，摔倒时左腿受身体重量压迫受伤。

💡 管理原因

（1）基层队安全教育不到位，对日常活动风险提示不够，岗位员工自我保护意识差。

（2）风险识别与控制不到位，值班室踏步梯子存在跌倒伤人风险，未采取有效防控措施。

⚠️ 案例警示

（1）加强岗位员工安全教育，及时提示日常工作中的活动风险。

（2）加强作业过程中风险识别和控制。

二、采油作业

20190107 井场摔伤事故

📤 事故经过

2019 年 1 月 7 日 8：40 左右，某采油站巡井员工 A 某到站接班，交接班一切正常。9：00 左右，A 某对 23 口生产井进行日常巡井检查及取样工作。

10：30 左右，A 某巡井至某井时，听到抽油机尾部有异常响声，走到抽油机尾部查看，跨越翻斗计量仪管线流程时不慎摔伤。10：31 左右，A 某向中心站站长 B 某电话汇报情况。随即 B 某赶到事故现场，并拨打 120 急救。

10：32 左右，B 某向作业区主任郑某、安全副主任冉某、安全组长王某进行了汇报，并向采油厂安全科进行了汇报。

11：05 左右，救护车赶到现场将 A 某接走送至医院。

🔅 直接原因

巡检人员 A 某在跨越翻斗计量管线流程时，被流程绊倒，摔倒在抽油机水泥基础上。

🔅 间接原因

（1）风险控制不到位。查阅采油站生产安全风险防控清单，站内人员已识别出跨越管线风险，明确巡检时不得跨越管线，巡检员工 A 某未严格按照巡检路线巡检，违章跨越管线。

（2）员工培训不到位。站内员工接受了风险防控相关培训，并在培训教材上签字确认，但基层站队未对培训实际效果进行验证，培训流于形式，效果不佳。

（3）监督检查不到位。基层站队长履行监管职责不到位，未能及时发现并制止岗位员工习惯性违章行为。

🔅 管理原因

（1）目视化管理存在缺陷。采油作业二区在进行目视化管理时，现场缺少安全目视化警示标识，未在员工日常跨越的低矮计量仪流程处设置"禁止跨越""注意脚下安全"等警示标识，让员工疏于防范。

（2）教育培训有待提高。采油作业二区在开展日常教育培训时，未注重实效性，虽开展了各级教育培训，但针对性不强，员工未能真正的入心入脑，导致员工没有深刻地意识到工作过程中的风险，没有了解掌握相应的安全防范措施。

⚠️ 预防措施

（1）开展隐患专项排查。全面排查站内、井场等场所是否存在工艺流程阻挡巡检路线的情况，在醒目位置设置"严禁跨越"警示标识，如确须跨越时应按规范设置踏步，防止类似事故再次发生。

（2）认真吸取事故教训。立即将该起事故传达到基层每个岗位，基层站队长应加强岗位风险防范教育，使员工熟练掌握本岗位风险防范措施，并认真开展班前讲话，做好巡井过程风险告知，严格按照巡检路线巡检。同时，加强对员工岗位实际操作情况的监督检查，对于违章违规行为应及时制止，进一步规范员工安全操作行为。

（3）增强培训效果。基层站队应重点强化操作规程、风险防控、事故案例、应急处置的培训，杜绝以签字代替培训、只培训不考核的现象，确保培训取得实效。

三、工程建设

20200323 员工意外失足落水溺亡事故

2020 年 3 月 23 日，在某油田建设公司培训营地附近，发生一起员工意外失足落水事件，导致 1 名员工溺水死亡。

📄 事故经过

2020 年 3 月 23 日 18：40 左右，在某油田建设公司培训营地附近，发生员工意外失足落水事件，导致 1 名员工溺水死亡。

💡 直接原因

员工在无任何工作任务的情况下，私自离开培训营地，意外失足溺水死亡。

💡 间接原因

（1）检查监护不到位，在疫情防控、复工复产重要阶段，没有严格落实升级管理要求，对现场作业人员的检查监护不到位。

（2）人员管理存在漏洞。未识别人员调动带来的风险，未制订切实可行的防控措施。

（3）未严格执行人员清点制度，机组长在未核实该员工是否乘坐其他车辆返回驻地的情况下，带车返回驻地。

（4）培训管理存在缺失，未制定培训营地相关管理制度，未按照有关规定要求对临时进场人员进行入场前 HSE 培训。

（5）风险提示不到位，未有效识别培训营地周边环境风险，班前讲话时，未针对留头点存在人员坠落溺水风险对机组人员进行安全告知。

⚠️ 案例警示

（1）强化现场检查，及时掌握施工现场员工情况，及时清点人数。

（2）强化培训管理，严格执行员工入场前 HSE 培训。

（3）加强现场风险提示。

第十二部分　事故案例总结分析

为了更好地从事故中吸取教训，遏制重大事故的发生，本书收集了部分国内外石油行业典型事故案例（主要为 2000—2020 年石油行业事故案例），共统计各类事故 186 起，其中绝大多数为亡人事故，共计死亡约 652 人。

一、案例概述

按照石油行业的风险类别分类，本书对物体打击、机械伤害、高处坠落、起重伤害、火灾和爆炸、中毒和窒息、井喷失控、触电、坍塌、道路交通和其他等 11 类典型事故进行了收集整理。涵盖钻井工程、井下作业、采油作业、工程建设及其他等行（专）业。

通过分析，最突出的四类伤害类型是：物体打击、机械伤害、火灾和爆炸、中毒和窒息事故。其中，火灾和爆炸事故 32 起，占死亡总数约 35%；中毒和窒息事故共 19 起，占死亡总数约 41%；二者均具有群死群伤的特征。

二、事故伤害类型统计分析

（一）主要事故伤害类型及分布

本书收集、统计的事故案例可分为 11 类伤害类型，见表 12-1。这些事故多集中在工程建设、钻井工程、井下作业等领域。

表 12-1　各事故伤害类型起数与专业分布

事故类别	钻井工程	井下作业	采油作业	工程建设	其他行业	小计
（1）物体打击事故	10	5	9	6	1	31
（2）机械伤害事故	5	6	5	4	2	22
（3）高处坠落事故	6	1	0	5	2	14
（4）起重伤害事故	5	3	1	6	2	17
（5）火灾和爆炸事故	4	5	12	7	4	32
（6）中毒和窒息事故	2	3	4	8	2	19
（7）井喷失控事故	5	5	0	0	0	10

事故类别	钻井工程	井下作业	采油作业	工程建设	其他行业	小计
（8）触电事故	1	2	0	4	1	8
（9）坍塌事故	2	1	1	5	0	9
（10）车辆伤害事故	—	—	—	—	—	17
（11）其他伤害事故	0	5	1	1	0	7
合计	40	36	33	46	14	186

这些事故伤害类型在各专业领域内的分布具有以下特征：

（1）物体打击：分布最广，在各个专业领域案例多发，其中以钻井工程领域最突出。

（2）机械伤害：多发生在井下作业、采油集输及钻井工程领域。

（3）高处坠落：高处作业涉及面较广，从统计结果来看，收集的案例多发生在钻井工程、工程建设领域。

（4）起重伤害：几乎涉及各个专业，收集的案例主要发生在钻井工程、地面建设领域。

（5）火灾和爆炸：各个领域均呈现高发，收集的案例主要发生在采油与集输、工程建设领域，具有群死群伤的特征。

（6）中毒和窒息：中毒窒息主要集中在工程建设领域，具有群死群伤的特征。

（7）井喷失控：井喷失控事故主要分布在钻井工程及井下作业领域，具有显著的群死群伤的特征。

（8）触电：电的使用十分广泛，此次收集的事故中共有8起触电亡人事故，分布主要在工程建设领域。

（9）坍塌：坍塌事故主要分布在工程建设领域，因措施不到位或盲目施救，有一定的群死群伤的特征。

（二）事故伤害类型与伤亡人数之间的关系

书中案例共有约652人死于各类事故，导致死亡人数最多的事故伤害类型，前几位依次是中毒和窒息、火灾和爆炸、道路交通。其中中毒和窒息、火灾和爆炸都有不同程度的群死群伤性质。

三、各专业事故案例分析

（一）钻井作业

收集的钻井工程事故案例在11类的事故伤害中，涉及其中的9类，可见，钻井工程事故的伤害类型分布较为广泛。

钻井工程领域中，造成重大伤亡的事故伤害类型是火灾和爆炸与中毒和窒息，并且具有群死群伤的特性。

（二）井下作业

在 11 类事故伤害类型中，井下作业事故案例涉及 10 类，可见井下作业事故的伤害类型分布较为广泛。

井下作业领域中，发生频率前两位的事故伤害类型是机械伤害与火灾和爆炸，其中火灾和爆炸事故发生频率较高，而且具有群死群伤的倾向。

（三）采油作业

在 11 类事故伤害类型中，采油作业事故案例涉及 7 类，事故伤害类型分布较广。

采油作业发生频次较高的事故伤害类型依次为火灾和爆炸、物体打击。其中火灾和爆炸事故具有群死群伤的倾向。

（四）工程建设

在石油勘探与生产过程中，工程建设项目涉及作业专业多，项目管理工作量大，系统庞杂，作业风险多，作业环境复杂，作业过程易发生各类伤害事故。

在 11 类的事故伤害类型中，工程建设事故案例涉及 9 类，事故伤害类型分布广泛、风险较高。

工程建设事故发生频次较高的依次为中毒和窒息、火灾和爆炸事故，均具有群死群伤的特性。

前车之鉴，后事之师。对发生事故的企业，在发生事故后，应按照"四不放过"的原则进行调查处理，切实找出事故原因，制订防范措施，遏制同类事故再次发生。没有发生事故的企业，应强化事故案例资源的分享与利用，把别人的事故当成自己的事故对待，认真开展事故案例警示教育、举一反三排查隐患，切实实现"一厂出事故、万厂受教育；一地有隐患，全国受警示"。

附录

生产安全事故报告和调查处理条例

（中华人民共和国国务院第 493 号令·2007 年 6 月 1 日起施行）

第一章 总 则

第一条 为了规范生产安全事故的报告和调查处理，落实生产安全事故责任追究制度，防止和减少生产安全事故，根据《中华人民共和国安全生产法》和有关法律，制定本条例。

第二条 生产经营活动中发生的造成人身伤亡或者直接经济损失的生产安全事故的报告和调查处理，适用本条例；环境污染事故、核设施事故、国防科研生产事故的报告和调查处理不适用本条例。

第三条 根据生产安全事故（以下简称事故）造成的人员伤亡或者直接经济损失，事故一般分为以下等级：

（一）特别重大事故，是指造成 30 人以上死亡，或者 100 人以上重伤（包括急性工业中毒，下同），或者 1 亿元以上直接经济损失的事故；

（二）重大事故，是指造成 10 人以上 30 人以下死亡，或者 50 人以上 100 人以下重伤，或者 5000 万元以上 1 亿元以下直接经济损失的事故；

（三）较大事故，是指造成 3 人以上 10 人以下死亡，或者 10 人以上 50 人以下重伤，或者 1000 万元以上 5000 万元以下直接经济损失的事故；

（四）一般事故，是指造成 3 人以下死亡，或者 10 人以下重伤，或者 1000 万元以下直接经济损失的事故。

国务院安全生产监督管理部门可以会同国务院有关部门，制定事故等级划分的补充性规定。

本条第一款所称的“以上”包括本数，所称的“以下”不包括本数。

第四条 事故报告应当及时、准确、完整，任何单位和个人对事故不得迟报、漏报、谎报或者瞒报。

事故调查处理应当坚持实事求是、尊重科学的原则，及时、准确地查清事故经过、事故原因和事故损失，查明事故性质，认定事故责任，总结事故教训，提出整改措施，并对事故责任者依法追究责任。

第五条 县级以上人民政府应当依照本条例的规定，严格履行职责，及时、准确地完成事故调查处理工作。

事故发生地有关地方人民政府应当支持、配合上级人民政府或者有关部门的事故调查处理工作，并提供必要的便利条件。

参加事故调查处理的部门和单位应当互相配合，提高事故调查处理工作的效率。

第六条 工会依法参加事故调查处理，有权向有关部门提出处理意见。

第七条 任何单位和个人不得阻挠和干涉对事故的报告和依法调查处理。

第八条 对事故报告和调查处理中的违法行为，任何单位和个人有权向安全生产监督管理部门、监察机关或者其他有关部门举报，接到举报的部门应当依法及时处理。

第二章 事故报告

第九条 事故发生后，事故现场有关人员应当立即向本单位负责人报告；单位负责人接到报告后，应当于1小时内向事故发生地县级以上人民政府安全生产监督管理部门和负有安全生产监督管理职责的有关部门报告。

情况紧急时，事故现场有关人员可以直接向事故发生地县级以上人民政府安全生产监督管理部门和负有安全生产监督管理职责的有关部门报告。

第十条 安全生产监督管理部门和负有安全生产监督管理职责的有关部门接到事故报告后，应当依照下列规定上报事故情况，并通知公安机关、劳动保障行政部门、工会和人民检察院：

（一）特别重大事故、重大事故逐级上报至国务院安全生产监督管理部门和负有安全生产监督管理职责的有关部门；

（二）较大事故逐级上报至省、自治区、直辖市人民政府安全生产监督管理部门和负有安全生产监督管理职责的有关部门；

（三）一般事故上报至设区的市级人民政府安全生产监督管理部门和负有安全生产监督管理职责的有关部门。

安全生产监督管理部门和负有安全生产监督管理职责的有关部门依照前款规定上报事故情况，应当同时报告本级人民政府。国务院安全生产监督管理部门和负有安全生产监督管理职责的有关部门以及省级人民政府接到发生特别重大事故、重大事故的报告后，应当立即报告国务院。

必要时，安全生产监督管理部门和负有安全生产监督管理职责的有关部门可以越级上报事故情况。

第十一条 安全生产监督管理部门和负有安全生产监督管理职责的有关部门逐级上报事故情况，每级上报的时间不得超过2小时。

第十二条 报告事故应当包括下列内容：

（一）事故发生单位概况；

（二）事故发生的时间、地点以及事故现场情况；

（三）事故的简要经过；

（四）事故已经造成或者可能造成的伤亡人数（包括下落不明的人数）和初步估计的直接经济损失；

（五）已经采取的措施；

（六）其他应当报告的情况。

第十三条　事故报告后出现新情况的，应当及时补报。

自事故发生之日起 30 日内，事故造成的伤亡人数发生变化的，应当及时补报。道路交通事故、火灾事故自发生之日起 7 日内，事故造成的伤亡人数发生变化的，应当及时补报。

第十四条　事故发生单位负责人接到事故报告后，应当立即启动事故相应应急预案，或者采取有效措施，组织抢救，防止事故扩大，减少人员伤亡和财产损失。

第十五条　事故发生地有关地方人民政府、安全生产监督管理部门和负有安全生产监督管理职责的有关部门接到事故报告后，其负责人应当立即赶赴事故现场，组织事故救援。

第十六条　事故发生后，有关单位和人员应当妥善保护事故现场以及相关证据，任何单位和个人不得破坏事故现场、毁灭相关证据。

因抢救人员、防止事故扩大以及疏通交通等原因，需要移动事故现场物件的，应当做出标志，绘制现场简图并做出书面记录，妥善保存现场重要痕迹、物证。

第十七条　事故发生地公安机关根据事故的情况，对涉嫌犯罪的，应当依法立案侦查，采取强制措施和侦查措施。犯罪嫌疑人逃匿的，公安机关应当迅速追捕归案。

第十八条　安全生产监督管理部门和负有安全生产监督管理职责的有关部门应当建立值班制度，并向社会公布值班电话，受理事故报告和举报。

第三章　事故调查

第十九条　特别重大事故由国务院或者国务院授权有关部门组织事故调查组进行调查。

重大事故、较大事故、一般事故分别由事故发生地省级人民政府、设区的市级人民政府、县级人民政府负责调查。省级人民政府、设区的市级人民政府、县级人民政府可以直接组织事故调查组进行调查，也可以授权或者委托有关部门组织事故调查组进行调查。

未造成人员伤亡的一般事故，县级人民政府也可以委托事故发生单位组织事故调查组进行调查。

第二十条　上级人民政府认为必要时，可以调查由下级人民政府负责调查的事故。

自事故发生之日起 30 日内（道路交通事故、火灾事故自发生之日起 7 日内），因事故伤亡人数变化导致事故等级发生变化，依照本条例规定应当由上级人民政府负责调查的，上级人民政府可以另行组织事故调查组进行调查。

第二十一条　特别重大事故以下等级事故，事故发生地与事故发生单位不在同一个县级以上行政区域的，由事故发生地人民政府负责调查，事故发生单位所在地人民政府应当派人参加。

第二十二条　事故调查组的组成应当遵循精简、效能的原则。

根据事故的具体情况，事故调查组由有关人民政府、安全生产监督管理部门、负有安全生产监督管理职责的有关部门、监察机关、公安机关以及工会派人组成，并应当邀请人民检察院派人参加。

事故调查组可以聘请有关专家参与调查。

第二十三条　事故调查组成员应当具有事故调查所需要的知识和专长，并与所调查的事故没有直接利害关系。

第二十四条　事故调查组组长由负责事故调查的人民政府指定。事故调查组组长主持事故调查组的工作。

第二十五条　事故调查组履行下列职责：

（一）查明事故发生的经过、原因、人员伤亡情况及直接经济损失；

（二）认定事故的性质和事故责任；

（三）提出对事故责任者的处理建议；

（四）总结事故教训，提出防范和整改措施；

（五）提交事故调查报告。

第二十六条　事故调查组有权向有关单位和个人了解与事故有关的情况，并要求其提供相关文件、资料，有关单位和个人不得拒绝。

事故发生单位的负责人和有关人员在事故调查期间不得擅离职守，并应当随时接受事故调查组的询问，如实提供有关情况。

事故调查中发现涉嫌犯罪的，事故调查组应当及时将有关材料或者其复印件移交司法机关处理。

第二十七条　事故调查中需要进行技术鉴定的，事故调查组应当委托具有国家规定资质的单位进行技术鉴定。必要时，事故调查组可以直接组织专家进行技术鉴定。技术鉴定所需时间不计入事故调查期限。

第二十八条　事故调查组成员在事故调查工作中应当诚信公正、恪尽职守，遵守事故调查组的纪律，保守事故调查的秘密。

未经事故调查组组长允许，事故调查组成员不得擅自发布有关事故的信息。

第二十九条　事故调查组应当自事故发生之日起 60 日内提交事故调查报告；特殊情况下，经负责事故调查的人民政府批准，提交事故调查报告的期限可以适当延长，但延长的期限最长不超过 60 日。

第三十条　事故调查报告应当包括下列内容：

（一）事故发生单位概况；

（二）事故发生经过和事故救援情况；

（三）事故造成的人员伤亡和直接经济损失；

（四）事故发生的原因和事故性质；

（五）事故责任的认定以及对事故责任者的处理建议；

（六）事故防范和整改措施。

事故调查报告应当附具有关证据材料。事故调查组成员应当在事故调查报告上签名。

第三十一条　事故调查报告报送负责事故调查的人民政府后，事故调查工作即告结束。事故调查的有关资料应当归档保存。

第四章　事故处理

第三十二条　重大事故、较大事故、一般事故，负责事故调查的人民政府应当自收到事故调查报告之日起 15 日内做出批复；特别重大事故，30 日内做出批复，特殊情况下，批复时间可以适当延长，但延长的时间最长不超过 30 日。

有关机关应当按照人民政府的批复，依照法律、行政法规规定的权限和程序，对事故发生单位和有关人员进行行政处罚，对负有事故责任的国家工作人员进行处分。

事故发生单位应当按照负责事故调查的人民政府的批复，对本单位负有事故责任的人员进行处理。

负有事故责任的人员涉嫌犯罪的，依法追究刑事责任。

第三十三条　事故发生单位应当认真吸取事故教训，落实防范和整改措施，防止事故再次发生。防范和整改措施的落实情况应当接受工会和职工的监督。

安全生产监督管理部门和负有安全生产监督管理职责的有关部门应当对事故发生单位落实防范和整改措施的情况进行监督检查。

第三十四条　事故处理的情况由负责事故调查的人民政府或者其授权的有关部门、机构向社会公布，依法应当保密的除外。

第五章　法律责任

第三十五条　事故发生单位主要负责人有下列行为之一的，处上一年年收入 40% 至 80% 的罚款；属于国家工作人员的，并依法给予处分；构成犯罪的，依法追究刑事责任：

（一）不立即组织事故抢救的；

（二）迟报或者漏报事故的；

（三）在事故调查处理期间擅离职守的。

第三十六条　事故发生单位及其有关人员有下列行为之一的，对事故发生单位处 100 万元以上 500 万元以下的罚款；对主要负责人、直接负责的主管人员和其他直接责任人员处上一年年收入 60% 至 100% 的罚款；属于国家工作人员的，并依法给予处分；构成违反治安管理行为的，由公安机关依法给予治安管理处罚；构成犯罪的，依法追究刑事责任：

（一）谎报或者瞒报事故的；

（二）伪造或者故意破坏事故现场的；

（三）转移、隐匿资金、财产，或者销毁有关证据、资料的；

（四）拒绝接受调查或者拒绝提供有关情况和资料的；

（五）在事故调查中作伪证或者指使他人作伪证的；

（六）事故发生后逃匿的。

第三十七条 事故发生单位对事故发生负有责任的，依照下列规定处以罚款：

（一）发生一般事故的，处 10 万元以上 20 万元以下的罚款；

（二）发生较大事故的，处 20 万元以上 50 万元以下的罚款；

（三）发生重大事故的，处 50 万元以上 200 万元以下的罚款；

（四）发生特别重大事故的，处 200 万元以上 500 万元以下的罚款。

第三十八条 事故发生单位主要负责人未依法履行安全生产管理职责，导致事故发生的，依照下列规定处以罚款；属于国家工作人员的，并依法给予处分；构成犯罪的，依法追究刑事责任：

（一）发生一般事故的，处上一年年收入 30% 的罚款；

（二）发生较大事故的，处上一年年收入 40% 的罚款；

（三）发生重大事故的，处上一年年收入 60% 的罚款；

（四）发生特别重大事故的，处上一年年收入 80% 的罚款。

第三十九条 有关地方人民政府、安全生产监督管理部门和负有安全生产监督管理职责的有关部门有下列行为之一的，对直接负责的主管人员和其他直接责任人员依法给予处分；构成犯罪的，依法追究刑事责任：

（一）不立即组织事故抢救的；

（二）迟报、漏报、谎报或者瞒报事故的；

（三）阻碍、干涉事故调查工作的；

（四）在事故调查中作伪证或者指使他人作伪证的。

第四十条 事故发生单位对事故发生负有责任的，由有关部门依法暂扣或者吊销其有关证照；对事故发生单位负有事故责任的有关人员，依法暂停或者撤销其与安全生产有关的执业资格、岗位证书；事故发生单位主要负责人受到刑事处罚或者撤职处分的，自刑罚执行完毕或者受处分之日起，5 年内不得担任任何生产经营单位的主要负责人。

为发生事故的单位提供虚假证明的中介机构，由有关部门依法暂扣或者吊销其有关证照及其相关人员的执业资格；构成犯罪的，依法追究刑事责任。

第四十一条 参与事故调查的人员在事故调查中有下列行为之一的，依法给予处分；构成犯罪的，依法追究刑事责任：

（一）对事故调查工作不负责任，致使事故调查工作有重大疏漏的；

（二）包庇、袒护负有事故责任的人员或者借机打击报复的。

第四十二条 违反本条例规定，有关地方人民政府或者有关部门故意拖延或者拒绝落实经批复的对事故责任人的处理意见的，由监察机关对有关责任人员依法给予处分。

第四十三条　本条例规定的罚款的行政处罚，由安全生产监督管理部门决定。

法律、行政法规对行政处罚的种类、幅度和决定机关另有规定的，依照其规定。

第六章　附　则

第四十四条　没有造成人员伤亡，但是社会影响恶劣的事故，国务院或者有关地方人民政府认为需要调查处理的，依照本条例的有关规定执行。

国家机关、事业单位、人民团体发生的事故的报告和调查处理，参照本条例的规定执行。

第四十五条　特别重大事故以下等级事故的报告和调查处理，有关法律、行政法规或者国务院另有规定的，依照其规定。

第四十六条　本条例自 2007 年 6 月 1 日起施行。国务院 1989 年 3 月 29 日公布的《特别重大事故调查程序暂行规定》和 1991 年 2 月 22 日公布的《企业职工伤亡事故报告和处理规定》同时废止。